U0179535

明清园林艺术图像

许浩 著

东南大学出版社
SOUTHEAST UNIVERSITY PRESS
·南京·

图书在版编目（CIP）数据

明清园林图像艺术 / 许浩著. —南京：东南大学
出版社,2021.12
ISBN 978-7-5641-9889-3

Ⅰ.①明… Ⅱ.①许… Ⅲ.①古典园林-园林艺术-
研究-中国-明清时代 Ⅳ.①TU986.62

中国版本图书馆CIP数据核字（2021）第254618号

江苏高校优势学科建设工程资助项目

教育部人文社会科学研究项目（17YJA760065）

南京林业大学标志性成果项目

明清园林图像艺术

MingQing YuanLin TuXiang YiShu

著　　者：许　浩
责任编辑：朱震霞
责任校对：张万莹
装帧设计：王少陵
责任印制：周荣虎
出版发行：东南大学出版社
社　　址：南京市四牌楼2号　　邮编：210096　　电话：025-83793330
网　　址：http://www.seupress.com
电子邮件：press@ seupress.com
经　　销：全国各地新华书店
印　　刷：南京新世纪联盟印务有限公司
开　　本：890mm×1240mm 1/16
印　　张：18.25
字　　数：400千
版　　次：2021年12月第1版
印　　次：2021年12月第1次印刷
书　　号：ISBN 978-7-5641-9889-3
定　　价：120.00元

本社图书若有印装质量问题，请直接与营销部调换。电话（传真）：025-83791830

作者简介

许浩，南京林业大学风景园林学院教授、博导，园林图像史学研究中心负责人，风景园林历史与理论研究所所长。研究方向：风景园林历史与理论、城乡公园绿地系统规划与分析、GIS 支持下的历史景观与绿地空间研究。

电子信箱：248186055@qq.com

微信公众号：南园论史

前 言

　　明清时期是中国园林发展史上的高潮阶段，皇家园林、私家园林与风景名胜的开发都取得了很大的成就。这一时期以园林为主题的图像载体包括版画和水墨画。版画主要以木刻版画为主，另有一些铜版画。明清园林的历史图像是产生于明清时期，以当时具体的园林与风景名胜为主题内容，能够反映景观特征和功能的图像作品，如《环翠堂园景图》《拙政园三十一景图》等。

　　园林图像至少具有以下三个方面的价值。首先，图像是一种重要的史料。园林图像是景观信息的主要载体。作为明清时期视觉表达的主要手段，图像反映当时园林与名胜的地理环境、布局结构、空间要素和活动场景。其次，图像本身既具有客观性，又具有主观性。客观性是指其能够反映客体环境的信息，包括环境空间构成、景观要素和内部人物活动。主观性则与图像生产目的、性质和图像作者本身的手法风格以及视觉处理方法相关。如明清时期的文人，很多不仅亲自参与了园林的营造，是园林环境的使用者，同时也是图像的生产者、创作者或者订购者，因此图像与园林在内容和意义上具有同一性。第三，图像的视觉呈现是园林与名胜形象传播的主要手段与载体。对园林名胜内容和意义的认知，很大程度上要通过对相关历史图像的研读来完成。因此，园林图像具有史学价值、艺术价值和文化价值。

　　作为一个学科的图像学（Iconology），是西方美术史、艺术史研究领域的一个分支，研究对象是美术作品中的主题和意义。现代意义的图像学概念是 1912 年瓦尔堡（Aby Warburg）在国际艺术史会议上提出的，随后潘诺夫斯基（Erwin Panofsky）进一步发展了图像学理论与方法，在1939 年出版的《图像学研究》一书中提出了图像学的研究范式。

　　本书尝试以图像学的框架研究方法解释中国明清时期的园林图像。通过对明清园林的历史图像进行考察，按照历史分期从图像内容、绘制者以及媒介材料角度对图像作品进行梳理，并以《环翠堂园景图》《拙政园三十一景图》《静宜园二十八景图》《圆明园四十景图》《南巡盛典》和《平山堂图志》为例，通过图像学的"描述、分析、阐释"方法，对图像的内容、要素进行解析，论证图像的构成与视觉特征。通过对明清园林图像的整体梳理，本书尝试建立明清园林图像系谱，进而通过对典型个案的分析，揭示明清园林图像内涵和意义。

　　全书由两个部分构成。第一部分聚焦于明代园林的图像表达。园林图像是园林营造与图像艺术发展到一定阶段相结合的产物。因此，本书对明代园林图像产生的两个背景条件，即明代园林营造和图像的发展进行考察，在此基础上，梳理明代园林与名胜图像作品（第一章），并展开对《环翠堂园景图》和《拙政园三十一景图》的个案研究（第二章、第三章）。

　　第二部分探讨了清代园林的图像构成与视觉呈现。首先，考察了清代园林与图像的发展状况，进而从图像作者、图像内容、媒介材料角度梳理清代园林与名胜图像作品（第四章）。第五章至第八章分别以《静宜园二十八景图》《圆明园四十景图》《南巡盛典》《平山堂图志》为例，深入分析图像的构成与视觉表现特征。

本书采取历时性、主题分类和关联要素解析的方法，即按照时间顺序，从图像作者、图像内容和媒介材料的角度，对明清园林图像发展系谱进行梳理。在对历史图像的个案分析中，遵循潘诺夫斯基所提出的"描述、分析、阐释"图像学研究范式，首先对各个案例图像的内容进行描述，其次采取分解景观要素的方式，对图像内容和视觉呈现进行分析。在具体案例研究中，考虑到所表达园林的构成、格局和形态，将图像呈现的内容分为建筑、山石、水体、植被、人物五个子要素，按照形态和功能进行归类分析。

本书的图像研究，主要采取文本对照法。对图像的相关背景，尽可能地收集资料，查询相关文献，提炼作者的基本情况、绘制手法、园林营造的历史地理与过程等信息。为解读图像中的园林景观细节，将景观要素（建筑、植物）与细节抽出，与文本进行对照；通过限定时空范围与同类型参考物的比较，园林图像的景观要素特征能够在整体的关系中浮现出来。

本书内容涉及多学科的研究方法，比如，对图像形式进行解读，运用了图像学的分析方法；对图像创作背景和媒介材质的分析，涉及艺术史与雕版印刷的文献调查；关于图像内容的分析，本书按照归类分析原则，将园林对象分解为景观要素，这涉及建筑史、园林史的专业知识。多学科结合方法是保证本书研究能够顺利进行的基础。

明清时期的园林图像是中华图像文化史的一个组成部分，由于呈现对象是中国造园艺术，因而也是最具有中华艺术特征的图像类型。本书所介绍和分析的仅为其中一小部分。历史为我们留下了无比丰富的园林图像遗产，我们有责任去深入发掘、整理，并使之发扬光大。希望本书的出版有助于推动园林图像艺术的传承与传播。

南京林业大学施袁顺等研究生参与了本书的插图整理与文献梳理工作；王少陵老师负责了本书的装帧设计，在此一并表示感谢。

许　浩

2021 年 11 月 写于金陵

目录

第一部分　明代园林的图像表达

第一章　明代园林与图像

第一节　明代园林的发展

一、皇家园林的发展

明太祖朱元璋以应天府（南京）为都城，建立明朝。南京为东吴、东晋、宋、齐、梁、陈六朝古都，城市开发较早，有众多的风景名胜。明初定都之后，营造了城墙和宫殿，唯一的大规模皇家园林为孝陵。孝陵是陵寝园林，不具备一般性皇家园林的休闲、观景、娱乐功能，主要体现了帝王陵墓的功能特征。[①] 明代的皇家园林主要集中在北京。

明成祖朱棣迁都北京后，配合宫城、皇城的营造，营建了一批皇家园林。宫城（紫禁城）内宫殿密集，御苑有两处，一处是位于坤宁宫以北的御花园，另一处是位于慈宁宫的慈宁宫花园，形态都较为规整。紫禁城以外、皇城以内的御苑包括西苑、兔园、东苑、南城和万岁山。西苑是明代皇家园林中规模最大的一处，以元代太液池为基础改建而成。天顺年间（1457—1464），扩展了太液池水面，万岁山改称为琼华岛，岛北增加了亭台楼榭，加强了观赏、休闲和娱乐功能。同时，将小岛屿"圆坻"与东岸相连接，营造了砖砌的团城。西苑以西的兔园，从嘉靖万历年间，新建了大明殿、清虚殿、鉴戒亭、迎仁亭、福峦坊和禄渚坊等建筑，形成完整的御苑。东苑位于皇城东南部，又称为"南内"，为皇帝在端午节观赏击球射柳游戏之处，后因东苑荒废，明皇室于东苑境内修建小南城，供明英宗居住。明英宗恢复帝位后，对其进行扩建，成为完整的宫廷御苑——南城。万岁山是永乐年间（1403—1424）开挖紫禁城护城河时挖出的土方堆砌而成，其位置在皇城中轴线上原元代大内遗址上，用意为镇压元代的王气，后来在山北修建寿皇殿等宫殿群，既可观景，又用于练习、观赏骑射活动。北京城郊外还修建了两处行宫御苑：南苑和上林苑。南苑位于城南，元代称其为"飞放泊"的地方。永乐年间在此绕以宫墙、营建殿宇、疏通水系，成为具有演武、打猎功能的御苑。上林苑位于左安门外东郊，在原先蔬菜果木苗圃基础上营造了殿宇亭台，成为行宫御苑。[②]

二、私家园林与风景名胜

明代，江南地区经济较为发达，农业基础雄厚，手工业、商业的发展非常繁荣，为私家园林的营造奠定了经济基础。江南地区山清水秀、气候温和、水量充沛、植被茂盛，文化教育水平较高，为园林营造提供了很好的自然、社会和文化条件。扬州、苏州、南京等地的园林尤其发达。

明嘉靖年间（1522—1566），为抵御日本海盗侵袭、加强防御，在原来扬州府城东另建扬州新城，原城区称为旧城，两城相接。扬州因水运条件极其发达，南来北往的货物途径扬州交易集散，再加上历史悠久、气候温和，大量商人和文人在扬州定居，扬州发展成为明朝首屈一指的大城市与商业都会。扬州商人与仕宦有较好的经济基础，能够购买安徽、苏州等地的园林建筑材料，并聘请苏州"香山帮"等熟练的工匠参与营造园林，从

---

① 南京孝陵博物馆编印：《明孝陵》，香港：香港国际出版社，2002 年，第 4 页。
② 周维权：《中国古典园林史》第二版，北京：清华大学出版社，1999 年，第 266-274 页。

而使得扬州成为私家园林荟萃之地。扬州园林在风格上接近于徽派和苏州园林，可归类于江南园林。

明朝扬州的若干园林营造大多数为城市宅园，仅有少量别墅园。代表性的园林有王大川的小东园、欧大任的苜蓿园、汪氏荣园、姚思孝的康山草堂、梅花岭偕乐园、郑侠如的休园，郑元勋的影园，郑元嗣的嘉树园，以及皆春堂、江淮胜概楼、竹西草堂等。[①]

南京为明王朝初期的都城，永乐皇帝迁都后成为陪都，保留着一部分国家行政机构。明代朝廷仕宦多在此购宅造园，一些皇亲贵戚也有宅园建于南京。明朝开国元勋中山王徐达在南京置有数处别业，营建了东园、西园、王府西花园（瞻园）、斑竹园等宅邸园林。[②] 除了私家园林以外，南京城内外的风景开发也较为丰富，在明代已有"十八景""四十景"之说。

除扬州、南京外，江南地区的苏州是重要的园林中心。苏州地处太湖之滨，气候宜人、植被丰富，周围盛产黄石、太湖石等园林材料。苏州自古就有风景的开发，形成了虎丘、灵岩山、香雪海等诸多的风景名胜。明代，大量文人仕宦归隐苏州，他们在苏州城内外营造了文人宅邸园林和别墅园林，成为文人交流交往和创作的场所，其中最具代表性的为王献臣的拙政园。

三、建筑艺术的发展

明代建筑总体呈现规范化、秩序化的特点，形制等级，包括开间、屋顶样式、纹样装饰等有明确的制度规范，通过建筑规范体现封建社会的等级。柱梁体系比元代更为简化，厅堂式构架在皇室建筑和民间建筑中应用广泛，层叠式构架大量减少。官式建筑中，屋顶基本采用举架法，斗拱进一步削弱，屋盖由平缓趋向于陡峻。厅堂大量用券（轩）构架，出现了船篷轩、人字轩和弓形轩，楼阁重檐大量出现，其做法进一步简化和制度化。

明代，砖石材料进一步用于建筑与城池的营造。明朝都城城墙采用砖砌，极大地提高了城墙的坚固性和耐久性。明代建造了一批无梁殿，采用砖石材料、拱券结构，在外观装饰上模仿木结构。砖应用于墙体上，可以提升建筑的防火性能，因此，明代砖材的大量使用促进了江南地区人口密集城镇硬山屋顶的普及。[③]

第二节　明代图像艺术的发展

一、明代的绘画

在元代文人山水画的基础上，明代山水画有了很大的发展，涌现出了多个画派，如吴门画派、松江画派、武林派等。这些画派活跃于不同的地域，以摹写、表现地域性山水风景和园林小品为主，创造了大量的山水图像。吴门画派代表画家有沈周、文徵明、唐寅、仇英，根植于太湖苏州

① 汪菊渊：《中国古代园林史》，北京：中国建筑工业出版社，2006年，第719页。
② 南京市地方志编纂委员会，南京园林志编纂委员会：《南京园林志》，北京：方志出版社，1997年，第87-92页。
③ 潘谷西主编：《中国古代建筑史·第4卷：元、明建筑》第二版，北京：中国建筑工业出版社，2009年，第454-474页。

一带，以"元四家"所奠定的文人山水画为基础发展而来，擅长学习、借鉴前人传统，强调南北兼容，形成了自己的文人画特点。沈周（1427—1509），江苏吴县人（今苏州），出身于书香世家，擅长花鸟、山水、人物画以及诗词，在山水画方面成就斐然，代表作品有《庐山高图》《卧游图》《承天寺夜游诗图》《支硎山图》《江村渔乐图》等。沈周的作品特点是采用粗笔山水的技法，以江南山水与人物活动为主题，山势空间深邃繁密，江洲空旷辽远，笔法厚重、虚实变幻又兼具轻灵之感。文徵明（1470—1559），号衡山，是沈周的学生，擅长诗画，尤其擅长山水画，代表作有《风雨孤舟图》《石湖清胜图》《江南春图》《停云馆言别图》《灌木寒泉图》《拙政园三十一景图》等。文徵明用笔兼有粗笔、细笔技法，笔法灵动，善于造境造势，画风沉静雅致，尽得自然妙趣。唐寅（1470—1523），号伯虎，被誉为"江南第一才子"，与文徵明是好友，科场失意后，回苏州师从周臣和沈周学画，后游历名山大川，为人放诞不羁、胸襟开阔，代表作有《骑驴归思图》《虚阁晚凉图》《南游图》《桐庵图》等。唐寅画风严谨又不失灵气，既有北派山水的厚重感，又有南派山水的意境。仇英（1494—1552），太仓人，后移居苏州，曾随文徵明和周臣学习绘画。仇英主要创作青绿山水画，用笔极其工整精细，画面缜密，造景功夫极深，格调高雅明丽，代表作有《桃源仙境图》《溪山楼隐图》《子虚上林图》《松虚横林图》。周臣（1460—1535），苏州人，曾是唐寅和仇英的老师，画风传承自南宋院体画，兼有吴门画派的灵秀、南宋院体画的工整细密，以及文人山水画的洒脱和意境，代表作有《春泉小隐图》《雪村访友图》。[①]

松江画派是由出生、活动于松江的一批山水画家组成，是明朝主要的文人画派之一，代表人物为董其昌。董其昌（1555—1637），字玄宰，号思白、香光居士，曾任礼部尚书，是明代后期的山水画与书法巨匠。董其昌注重学习古人，对自然界的山水景观，尤其是江南太湖一带的山水风景观察细致，其作品包括水墨山水和没骨青绿山水，画风雅致秀润、笔墨简洁富于书法韵意。明末武林派的代表人物蓝瑛（1585—1666），钱塘（今杭州）人，注重师法古人，对自然风景观察入微，擅长立式山水画，构图高远，笔墨纵横淋漓、色彩雅致，画风苍劲明快，有秀逸之气。[②]

明代花鸟画在宫廷院体和水墨写意两种类型上都取得了很大的发展。宫廷院体花鸟画的创作主体是御用画家，受到了明朝统治阶层的支持，其特点是恢复了唐宋院体花鸟画的传统，并有所发展且出现了创作高潮，代表画家有边景昭、林良等人。边景昭（1356—1436），官至锦衣卫指挥与文华殿大学士，擅长宏大的画面构图、富丽堂皇的色彩，笔力雄健，作品继承了南宋院体画传统并有所发展，具有一定的开化与政教功能，代表作有《三友百禽图》《双鹤图》。林良、孙隆新创了院体粗笔花鸟画技法。林良的代表作有《鹰雁图》《双鹰图》，主要采用粗笔水墨技法，画风威猛雄壮，气质勇猛动人，充满忠贞正气之感；孙隆的技法为粗笔没骨法，擅长画花鸟鱼虫，色彩浓丽，描绘对象逼真传神，富有生活气息。

吴门画派除了擅长山水画以外，在水墨写意花鸟画方面亦造诣深厚。沈周在花鸟画中融入了文人精神，在用笔上凸显文人气质，随意自然，所画题材涉及日常生活中常见的蔬菜果品、花卉鸟禽。陈淳（1482—1544）

① 王璜生，胡光华：《中国画艺术专史—山水卷》，南昌：江西美术出版社，2008 年，第 422-432 页。
②《中国画艺术专史—山水卷》，第 437、442、443 页。

深受沈周的影响，采用了大写意技法创作花鸟画，用笔如同书法，一气呵成、痛快淋漓、气质豪迈，充满田园情趣与文人意气。徐渭（1521—1593），字文长，号青藤道人，将明代水墨大写意花鸟画推向了高潮。徐渭作画擅长用水，水色晕染，墨色淋漓，造型用笔纵横开阖，风格狂放洒脱，代表作有《水墨花卉》《墨花图》等。^①

二、明代版画艺术

1. 明代之前的版画发展

中国的版画起源于唐代。唐代宗教较为发达，官府、寺院刊刻有大量的佛经。为了在信徒之中广泛传播佛经教义，这些佛经中开始采取图文并茂的形式，夹杂有一些木刻插图，插图的内容与宣扬佛经内容有关。目前所见最早的版画为唐懿宗时期刊行的《金刚般若经》卷首插图，采用左文右图的形式，刻画了释迦牟尼、金刚力士、飞天散花等内容。除了佛经插图以外，还有大量的单幅刻印的"菩萨像""天王像"等，这些佛像往往是作为民众膜拜的对象受到供奉，与宗教传播活动有关。

两宋时期，雕版印刷术有了很大的发展，统治者在文化政策和出版业方面采取了较为宽松的态度，除了官方的刻书机构外，各地出现了一批民办书坊。这一时期刻书的种类和数量都有了较大规模的增长，不仅有官修的经史子集部类书和宗教经书，还有大量的戏曲小说话本、画谱等。这些书籍中有大量的版刻插图，作为对文字说明内容有效的补充，在形式上采取上图下文、左文右图、连环插图等多种形式。两宋时期，全国形成了临安（今杭州）、汴京、四川眉山、福建建宁四个刻印中心。其中，临安的雕版印刷和刻工水平精良，是当时全国的刊刻中心。建宁主要刊刻出版通俗类小说戏曲话本，数量较多，但大部分插图质量较为低劣。

元代版画艺术进一步发展，宗教类经文书籍、实用性书籍、文史书籍、画谱等收录有大量的木刻版画插图。全国形成了大都、平阳、杭州、建宁四个印刷刊刻中心。大都作为都城，设置有官方的雕版刊刻机构，分工细致，所生产的书籍版画插图雕刻精美。南方杭州、建宁继承了南宋的雕版印刷风格，版画风格较为简约生动。^②

2. 明代版画发展

明代是我国版画艺术大发展的时期。明朝统治者非常重视书籍的出版与发行，明代内廷和各级官署都刊刻了大量经史子集和百科实用书籍。民间文学作品，如戏曲、小说、传奇在社会上有强烈的需求，刺激了民间出版业的发展。明代统治者放开了民间书坊的控制，在市民需求的驱动下，各地出现了大量的私家书坊，规模远远超过宋元时期，所刻书籍的范围涵盖了宗教、小说戏曲、画谱、历史、百科实用类书。^③刻书业的发展为版画插图的发展奠定了基础。

在明代，木刻版画生产中出现的一个重要的变革就是绘图和雕版镌刻开始分离。明代是中国绘画艺术发展的重要时期，在山水、人物、花鸟画领域涌现了一批重要的画派和绘画大家。众多的画家，如钱贡、汪耕、丁云鹏、陈洪绶等为版画制作提供了图绘底稿，在很大程度上促进了版画艺

① 孔六庆：《中国画艺术专史—花鸟卷》，南昌：江西美术出版社，2008 年，第 313、323、329、347-350、358-361、382-390 页。
② 郑振铎：《中国古代木刻画史略》，上海：上海书店出版社，2010 年，第 22 页。
③ 北京大学中国传统文化研究中心：《宋元明清的版画艺术》，郑州：大象出版社，2000 年，第 46、47 页。

术的提高。

万历年间（1573—1620），版画艺术发展到了高峰。各类出版物愈来愈追求精致性、可读性、大众性，版画插图成为提升书籍艺术价值和审美价值的必然要素。衡量一部书籍的优劣，很大程度上要看版画插图的水平；而插图水准和图书优劣直接决定书籍的销路。因此各地书坊不惜重金提升版画插图水平。除了聘请画家勾绘底稿外，还聘用镌刻水平较高的刻工进行雕版。这一时期，在原有的出版中心外，徽州和苏州成为新兴的刊刻中心，因此也形成了明代版画的几大流派，主要有徽派版画、金陵版画、武林版画、苏州版画、建安版画。

徽州版画以歙县、休宁为中心。徽州山清水秀、人杰地灵、商业发达、文化底蕴深厚，制墨、制砚技术在明代首屈一指。嘉靖年间（1522—1566），徽州刻书业蓬勃发展，万历时期达到顶峰。徽州书籍版画插图往往雅致秀丽、细密精工，装饰味道足，同时富于书卷气。徽州的木刻家们以家族传承为基础，不断发展镌刻技艺，形成了黄氏、汪氏等刻工家族。徽州木刻家到杭州、金陵等地的书坊工作，促进了这些地区版画技术的发展。

黄氏家族聚居于歙县虬村，是徽州镌刻技术最著名的家族，主持了多部重要书籍的插图刊刻工作。万历十年（1582），黄铤镌刻了郑之珍作的《新编木莲救母劝善戏文》的木刻版画插图；万历十一年（1583）黄得时主持雕刻《方氏墨谱》插图；万历二十二年（1594）黄鏻镌刻了《程氏墨苑》和焦竑编纂的《养正图解》插图，后者是皇子的教材，绘图者为明代著名画家丁云鹏。安徽人汪廷讷在金陵开设了环翠堂书坊，所刊书籍基本采用徽派黄氏刻工。如万历年间环翠堂刊印的《环翠堂园景图》，由黄应组镌刻，钱贡绘图。万历三十七年（1609）《坐隐棋谱》卷首《坐隐图》与万历三十八年（1610）环翠堂刊印的《人镜阳秋》，亦由黄应组刻，汪耕绘图。汪氏家族中的汪忠信主持镌刻了《海内奇观》插图、汪文佐刻有《茅评牡丹亭记》、汪楷刻有《十竹斋书画谱》、汪文宦刻有《仙佛奇踪》。另外，徽派刻工项南洲、洪国良等合作镌刻了《吴骚合编》，洪国良、刘应组等合刻了《金瓶梅》的版画插图，都代表了当时徽派刻工的水平。①

金陵是明代都城，刻书业发达，官办与民间的书坊非常多。万历时期，金陵戏曲小说刊行量大，为迎合市民口味，增大销路，版画插图数量也大量增加，且图绘优美、通俗易懂。武林即杭州，自宋代起已经是印刻中心。明代武林基本为民办书坊，多印刻通俗类小说、戏曲、画谱等。由于大量的徽州刻工和文人画家在杭州生活、游历，因此武林版画较为接近徽州版画风格。苏州是文人画派的重要基地，刻书业也较为发达，所刊印的基本为面向大众的通俗类小说戏曲等。福建建宁府是书籍刊刻的中心之一，有余氏双峰堂、刘龙田乔山堂等书坊数十家。当地产纸，印刷成本低，因此书籍刊行量大。书籍插图版画多为工匠所绘刻，风格比较粗犷质朴，与徽派版画形成鲜明对比。

①《中国古代木刻画史略》，第 101、102、104、105、119 页。

第三节　明代的园林图像

园林图像的面貌特征主要取决于三个因素：园林内容特征、绘图者和媒介材料。若一个时期或者某个地域的造园不发达，没有传承的价值，就不会成为绘图者描绘的主题。绘图者自身的修养与技艺，对园景的取景和绘制，以及笔法等因素，自然会影响到图像形式的结果。而媒介材料直接决定图像的最终面貌。因此本节在整理园林图像作品的过程中，都力争从这三个因素进行分析，进而梳理明代园林图像的概貌。

明代建成了紫禁城西苑等皇家园林，由于北方的军事威胁，明代没有大的皇家园林营造工程。明代宫廷绘画成就也很突出，但是目前还未见以紫禁城内廷园林为对象的图像作品。明代园林图像的主题集中在民间园林领域。

明代是图像艺术大发展的时期，在文人画、工笔画、版画等领域取得了重要的成就。尤其是长江中下游一带，不仅形成了徽州、金陵（南京）、武林（杭州）等版画发展的中心，更涌现出吴门画派、松江画派、武林画派、浙派等绘画流派。园林环境是文人画家相互交流与交往的场所，地域景观与园林名胜往往会激发文人画家诗画创作的灵感与动机。明代王公贵戚、官僚缙绅、文人仕宦等营造的私家园林数量众多、类型丰富、风格各异，出现了像苏州、杭州、徽州、金陵等的园林荟萃之地。这些地方不仅私家园林营造丰富，公共性的风景名胜，如虎丘、西湖等，在明代也得到了较为充分的开发。依托于江南地区丰富的园林名胜资源，众多的文人画家，包括有名的和无名的，以地方的园林名胜为主题进行了园林图像艺术的创作。一些出版商委托画家与刻工以木刻版画的形式刻画了园林胜景，或者在其出版的小说戏曲插图中精心搭配园林背景，这都推动了明代园林图像的发展。

从媒介材料的变化看，明代园林图像的发展大致可分为万历之前和万历之后两个阶段。万历之前，木刻版画水平还比较低，尚未见到以木刻版画为媒介材料的园林图像。这一时期，园林图像主要是依托于水墨画存在的。较为典型的，是苏州吴门画派一系以苏州园林胜景为主题进行创作的图像作品。

沈周位列"吴门四家"之首，是吴门画派的代表画家，为其好友吴宽（1435—1504）创作了《东庄图》。东庄原名东圃、东墅，是吴越国广陵王的别业。吴宽之父吴孟融购得此地，易名东庄，建成了园林别墅。吴宽继承父业，不断修缮东庄，使其成为文人相聚交流之地。《东庄图》为纸本设色册页，纵 28.6 厘米，横 33 厘米，以东庄内二十一处景观为主题，每个主题对应一幅，计有东城、西溪、拙修庵、北港、朱樱径、麦丘、艇子浜、果林、振衣冈、桑州、全真馆、菱豪、南港、曲池、折桂桥、稻畦、耕息轩、竹田、续古堂、鹤洞、知乐亭共二十一开图页。[1] 画风严谨沉着、隽雅秀丽、兼工带写，不仅传达了东庄景观的构成，也较好地表达了别墅园林的生活趣味与人文意境（图 1-3-1、图 1-3-2）。

除了《东庄图》，沈周创作的《虎丘十二景图》也是典型的苏州园林名胜图像。早在春秋时期，虎丘即建有吴国离宫，东晋时候成为佛教圣地，

---

[1]《东庄图册》原二十四开，万历时期散失三开。

图 1-3-1 （明）《东庄图》—《折桂桥》

图 1-3-2 （明）《东庄图》—《耕息轩》

唐朝时候成为远近闻名的风景名胜，南宋时虎丘与云岩寺位列五山十刹之一。《虎丘十二景图》为纸本设色水墨画，内含山塘、憨憨泉、松庵、悟石轩、生公讲台千人座、剑池、千佛堂云岩禅寺塔、五圣台、千顷云、虎跑泉、竹亭、跻云阁共计十二开景图，每开纵 31.1 厘米，横 40.2 厘米。[①] 画法为粗笔画，意在笔尖，富有趣味，建筑、山门的形象刻画得比较明确（图 1-3-3、图 1-3-4）。另一位"吴门四家"之一的仇英以虎丘和山塘街河为主题，画有《虎丘山塘图》。该图纵 80.7 厘米，横 50.3 厘米，细笔画法，水墨设色，图绘严谨缜密，建筑与人物的勾画尤其精细，是明代前期虎丘风景图像的精品。

苏州拙政园，是御史王献臣退隐之后营造的文人园林。早在明嘉靖七年（1528），即有人以该园之景为对象创作了《为槐雨先生做园亭图》。[②] 该图为立轴，纵 122 厘米，横 48.5 厘米，以曲折的溪涧为主线，刻画了园内的园亭廊桥建筑和花木，以及在其中活动的文人形象。嘉靖十二年（1533），"吴门四家"之一的文徵明以拙政园的景致为主题，创作了《拙政园三十一景图》。文徵明与王献臣是好友，曾多次出入拙政园，其所选择的三十一景，是拙政园景观的典型代表。在《拙政园三十一景图》中，文徵明以兼工带写的笔法、灵活多变的构图，刻画了这三十一景观空间的构成与面貌，并细腻地表达了景观的人文意境，成为历史上拙政园图像表达的代表作。同年，文徵明完成了诗咏三十一首，将其与景图共配于图册之中。

求志园为张凤翼的文人宅园。嘉靖年间（1522—1566），吴门画派中的钱榖作有《求志园图》，是关于求志园仅存的明代园林图像。《求志园图》为纸本设色横卷，纵 29.8 厘米，横 190.2 厘米，卷首有文徵明和王穀祥的题跋。钱榖师从文徵明，图中可以明显看出文徵明园景画风的影响。[③] 该图采用高视点透视构图，以工笔画法较为细致地表现了求志园内的厅堂建筑、植被鱼沼和人物活动，在一丝不苟的用笔中隐含文人画的意境（图 1-3-5）。

金陵（今南京）曾是六朝古都，明代成为都城，风景开发与园林营造较为发达。文徵明在游览金陵后曾作有《金陵十景册》，画作已流失。文徵明的侄子文伯仁为避免倭寇侵扰曾迁居金陵栖霞山，作有《金陵十八景图》。该图像集为纸本设色册页，作于宣德笺本上，每开图绘一景，极为精致。各景图主题分别为：三山、草堂、雨花台、牛首山、长干里、白鹭洲、青溪、燕子矶、莫愁湖、摄山（今栖霞山）、凤凰台、新亭、石头城、太平堤、桃叶渡、白门、方山、新林浦。[④] 隆庆年间（1567—1572），福建文人画家黄克晦游历南京后，创作了《金陵八景》。该图为绢本册页，纵 30.5 厘米、横 40.5 厘米，以"天印樵歌""秦淮渔笛"等金陵八景为主题。

除了苏州吴门画派一脉为主创作的园林图像外，尚有浙派画家以浙江名胜为主题创作的图像作品。戴进为明初画坛"浙派"的开创者，其画风师法南宋院体画。戴进以浙江名胜为主题，创作有《浙江名胜图》。该图为绢本横卷，纵 34.5 厘米、横 937 厘米。全图气势恢宏，工整雅致，笔法细腻，建筑、山石、植被描绘精微，以全景式的手法展示了浙江诸名胜景观。

西湖在明代是文人活动与游览的重要场所，并成为明代文人诗文和图像的重要对象。南宋抗金名将岳飞的坟墓坐落于西湖湖边。沈周作有一幅

① 董寿琪：《苏州园林山水画选》，上海：上海三联书店，2007 年，第 115 页。
② 《为槐雨先生做园亭图》亦传为文徵明所作。
③ 《苏州园林山水画选》，第 78、79 页。
④ 周安庆：《明代画家文伯仁及其〈金陵十八景图〉册页赏析》，收藏界，2011 年。

图 1-3-3 （明）《虎丘十二景图》一

图 1-3-4 （明）《虎丘十二景图》二

图 1-3-5 （明）《求志园图》局部

《西湖岳坟图》，绢本册页，纵 42.2 厘米、横 23.8 厘米，画面工整匠气，对岳王庙的建筑格局描画细致。以"西湖十景"为主题的图像包括：横卷形式的有谢时臣《西湖图》和《西湖草堂》、李流芳《西湖烟雨图》，立轴形式的有谢时臣《西湖春晓图》、蓝瑛《两峰插云图》，册页形式的有孙枝《西湖纪胜图》、宋懋晋《西湖胜迹图》、齐民《西湖十景图》。[①]

第二个阶段为万历以后的园林图像。万历年间出版业和版画艺术有了极大的发展，开始出现一批木刻版画为媒介的园林图像。这些园林图像一般是作为书籍的插图。如《西湖志类钞》是由明代万历年间（1573—1619）俞思冲所刊印的方志类书籍，全书附"西湖十景"版画十幅，绘者与刻工不详，刻工精美，人物姿态生动，代表了万历年间版画艺术水平，也是明代关于西湖十景的重要图像史料（图 1-3-6）。

万历二十八年（1600），徽籍出版商汪廷讷在安徽休宁其家乡营造了私家园林坐隐园。汪廷讷交友甚广，当时的文人画家董其昌、钱贡、丁云鹏，以及剧作家汤显祖、文学家文震孟等均与其有来往，并多次在汪氏的坐隐园聚会。汪廷讷委托苏州画家钱贡绘制了底稿，由徽籍刻工黄应组主刀刻制了木版画《环翠堂园景图》卷。该卷全长 1486 厘米，高 24 厘米，将坐隐园空间景观和周围的环境浓缩在长卷之中，画风写实，园内的建筑、陈设、人物、植被、山石表现得非常细腻，是明代园林图像中的巨制。

《新镌海内奇观》由武林夷白堂刊刻于万历三十七年（1609），杨尔曾撰，陈一贯绘图，新安汪忠信镌刻。全书分十卷，图版一百三十余幅，基本是以全国各省名山大川、古迹名胜、园林风景为主题，是明代山水版画的代表性图像（图 1-3-7）。

《三才图会》是万历年间编纂刊刻的大型类书，由王圻、王思义编纂。全书分天文、地理、人物、时令、宫室、器用、身体、衣服、人事、仪制、珍宝、文史、鸟兽、草木共计十四门，门下分卷。其中地理部分有多幅木刻版

① 杭州西湖博物馆编：《历代西湖书画集》，杭州：杭州出版社，2010 年，第 2 页。

图 1-3-6 （明）《西湖志类钞》插图

图 1-3-7 （明）《新镌海内奇观》插图

画，绘有全国名山大川和风景名胜，表现了当时的园林面貌（图 1-3-8）。

天启年间（1621—1627），朱之藩编纂了《金陵图咏》。该书中以金陵四十景为主题，由陆寿柏绘图稿，每景一图，各图均配有诗词文字。由刻工镌刻后，形成了明末金陵四十景名胜版画图像集（图 1-3-9）。①

图 1-3-8 （明）《三才图会》插图

图 1-3-9 （明）《金陵图咏》一《石城霁雪》与《钟阜晴云》

① 吕晓：《图写兴亡，名画中的金陵胜景》，北京：文化艺术出版社，2012 年。

本章所列明代园林图像统计表

序号	名称	年代	媒质	绘者、刻者	主题
1	东庄图	明成化年间	纸本册页、水墨设色	沈周	东庄二十一景
2	虎丘十二景图	成化至正德年间	纸本册页、水墨设色	沈周	虎丘十二景
3	西湖岳坟图	成化至正德年间	绢本册页、水墨	沈周	岳坟
4	浙江名胜图	明前期	绢本横卷、水墨	戴进	浙江名胜
5	为槐雨先生做园亭图	嘉靖七年（1528）	立轴水墨设色	文徵明（传）	拙政园
6	虎丘山塘图	嘉靖年间	绢本、水墨	仇英	虎丘山塘
7	拙政园三十一景图	嘉靖十二年（1533）	册页、水墨	文徵明	拙政园
8	求志园图	嘉靖年间	纸本横卷、水墨设色	钱毂	求志园
9	新镌海内奇观	万历三十七年（1609）	木刻版画	陈一贯绘、汪忠信刻	各省园林名胜
10	西湖类志钞	万历年间	木刻版画	不详	西湖十景
11	环翠堂园景图	万历年间	木刻版画	钱贡绘、黄应组刻	坐隐园
12	三才图会	万历年间	木刻版画	吴云轩、陶国臣等刻	各地名胜
13	西湖春晓图	明中期	横卷、水墨	谢时臣	西湖
14	金陵十八景图	明中期	纸本册页、水墨设色	文伯仁	金陵诸名胜
15	西湖胜迹图	明中后期	纸本册页、水墨设色	宋懋晋	西湖各名胜
16	金陵八景	隆庆年间	绢本册页	黄克晦	金陵诸名胜
17	金陵图咏	天启年间	木刻版画	陆寿柏	金陵四十景
18	两峰插云图	明后期	立轴、水墨	蓝瑛	两峰插云
19	西湖纪胜图	明后期	绢本册页、水墨设色	孙枝	西湖各名胜
20	西湖十景图	明代	绢本册页、水墨	齐民	西湖十景

第二章　徽派园林的图像长卷—《环翠堂园景图》

第一节 《环翠堂园景图》的概况

《环翠堂园景图》全长 1486 厘米，高 24 厘米，是明代万历年间由新安汪氏环翠堂刊刻的徽派版画长卷。该图卷以坐隐园为主题刻制而成。坐隐园建于万历二十八年（1600），位于安徽休宁一带，靠近黄山、松萝山，风光秀丽，是一处典型的徽派别墅园林。环翠堂是坐隐园的主厅，是园主汪廷讷会客、交友的场所，因此这幅描绘坐隐园的长卷以环翠堂为视觉中心，称为《环翠堂园景图》。

坐隐园主人汪廷讷，字昌朝，号无如，别号无无居士、松萝道人，休宁人，是明代著名的戏曲家、文学家、出版商，曾出版有《坐隐先生集》《坐隐园戏墨》《养正小吏》等著作，还编制了《彩舟记》《狮吼记》等散曲，收录在《环翠堂乐府》中。汪廷讷早年曾经商致富，后出仕做官，辞官后归隐家乡，营建坐隐园，刻书立说，并组建"环翠社"，结交文人名士，与其有交往的包括画家董其昌、钱贡、丁云鹏，以及剧作家汤显祖、文学家文震孟等人。汪廷讷还创建了环翠堂书坊，以刻书、卖书为业。环翠堂书坊因而成为明代中后期版画业发展的主要角色之一。

《环翠堂园景图》由钱贡绘制，黄应组主刀刊刻。钱贡，字禹方，号沧州，江苏吴县（今苏州）人。擅长工笔风格的山水画、人物画，画风俊秀清雅，描绘精微。钱贡经常为插图版画绘制底稿。

黄应组，字仰川，为明代著名的版画刻工。黄应组所在的安徽黄氏家族，自明代中叶起，一直从事版画事业，刻工手法代代相传，家族内成员镌刻过我国古代版画史上多件代表性作品，如《状元图考》《帝鉴图说》《牡丹亭记》《徐文长批评北西厢》中的插图。黄应组镌刻过多幅版画，《环翠堂园景图》是其代表作品之一。[①]

第二节 《环翠堂园景图》的图像描述

本节首先对《环翠堂园景图》中所显示的坐隐园概貌进行总体阐述，进而按照读图顺序分段详细解读。

坐隐园占地广阔，可分为入口区、昌公湖区、中心建筑区、百鹤楼区。入口区具有接待、饮食、休息的功能，昌公湖区是临湖的休闲区，中心建筑区主要体现会客、交流的功能，百鹤楼区主要是修行、游憩、读书、家眷居住之处。

坐隐园入口区位于水边。入口大门坐西朝东，门前有广庭，一侧为玄庄大门与高阳馆。大门内自东向西有四进院落。第二进院落北侧为"名重天下"厅，是入口区的主要建筑。第三进院为小型泉院，院中井泉名为"独立泉"，泉边有水月廊。院墙南侧沿着水边铺设有规整的条石道路，码头边建有"沧州趣"水榭。

昌公湖是坐隐园中面积最大的水体，位于入口区与中心建筑区之间，

---

① 李平凡：《关于〈环翠堂园景图〉》，（明）钱贡、黄应组绘：《环翠堂园景图》，北京：人民美术出版社，2013 年。

主要体现观景、垂钓、游憩的功能。湖中有敞榭，湖边有船坞、桃坞，山湖交界处有连绵曲折的长堤和万锦堤，通过六桥与入口区相连。

中心建筑区位于昌公湖西岸，与入口区隔湖相望，由多座方形院落构成。核心建筑环翠堂坐北朝南，是园主汪廷讷会客、谈话的场所。环翠堂前有天井、中院，院内的直线型甬道构成中心轴线，南端与羽化桥相连。环翠堂北为嘉树庭，东为凭萝阁。这两栋建筑均高两层，重檐歇山顶，通过曲尺状两层游廊相连。

百鹤楼区毗邻中心建筑区，是以游憩、修行、读书为主要功能的区

图 2-2-1 （明）《环翠堂园景图》卷首至坐隐园入口区段（一）

图 2-2-2 （明）《环翠堂园景图》卷首至坐隐园入口区段（二）

图 2-2-3 （明）《环翠堂园景图》坐隐园入口段

域。主要建筑百鹤楼为女眷生活、游览之处，建于两层高的"达生台"上，一侧环绕有建筑"鸿宝关"和"小有天"，另一侧为通道，与"秘阁""兰亭遗胜"两座小院相通。楼南为巨大的池沼，池西、池南堆砌假山，穿插以蹬道，形成以山水为主体的休闲观景区域。水源来自山涧，水自玄津桥桥洞下涌出，汇成水面。池东南是一组道家修行建筑，包括大慈室、观空洞、半偈庵、清庐境。池东有水榭"鱼无居"，兼有会客、书画的功能。"鱼无居"边另有一处藏书刻书之处，名为"东肆"（图 2-2-1 至图 2-2-8）。

整个图卷从右向左依次展开，观图的视点从右向左依次移动，这种位

图 2-2-4　（明)《环翠堂园景图》昌公湖段（一）

图 2-2-5　（明)《环翠堂园景图》昌公湖段（二）

图 2-2-6　（明)《环翠堂园景图》中心建筑区段

图 2-2-7　（明)《环翠堂园景图》百鹤楼区段（一）

图 2-2-8　（明)《环翠堂园景图》百鹤楼区段（二）

序关系与入园的游线安排相呼应，在图卷的逐步展开过程中完成了观者入园和游园的空间体验。

本文按照读图顺序分段分析。全卷最右侧卷首题有图名"环翠堂园景图"，以篆书写成。图名左下方写有"上元李登为昌朝汪大夫书"。图名左下另写有"黄应组镌"四字。

为了分析方便，根据画面视觉结构将整个画面从右向左分为 A、B、C 三段，A 段为卷首至坐隐园园门入口，B 段为坐隐园园门至最左侧院墙部分，C 段为最左侧院墙至卷尾。

A 段描绘的是园门入口周围的风景。按照地理地貌景观特征的不同又可细分为四段，从右至左分别为 A1、A2、A3、A4 段。A1 段为画面右上角的群山部分，主峰名曰白岳，两侧峰峦叠嶂、云雾缥缈，更远之处还隐隐有山体轮廓，表明坐隐园所处的环境为郊外山野、远离城镇，符合文人隐士对于隐居生活的环境要求（图 2-2-9-1）。

A1 段描绘的为远景，A2 段则是中景，其间通过横向的云雾体现空间的转换。A2 段以松萝山为主体，山岭层层叠叠，山势之间有连绵之势，没有像白岳的突兀山体。山坡上绘有众多的树木，主要为香樟和松树。山间有一条山路，蜿蜒曲折，从右向左延伸。这条山路是进出坐隐园必经之路，山路两侧为山壁所挡，但在山路转折之处有较为空旷的视

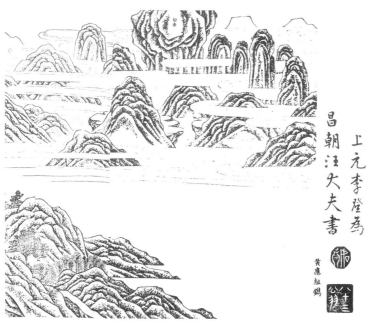

图 2-2-9-1　（明）《环翠堂园景图》A1 段

野。松萝山中建有寺院，呈前殿后塔的格局。寺中主殿至少两层，上层为歇山顶，开有三个拱门，门前有栏杆，下层为树木遮挡。塔为攒尖顶，塔身呈圆形，因树木遮挡无法辨别层数。寺前有蹬道顺山势而下，与山路相连。远处山岭上也建有两座攒尖顶圆塔，右侧塔身瘦长，层数较多，左侧塔身体量较大、较低矮（图2-2-9-2）。

A3段右起仁寿山，左至水田边山陇。这一段明显视点较近，山路宽度大于A2段。仁寿山围合成山坳，山前后种有松树、桃树、梅花，山坳内地势低平，有出入口与山路相连。右侧入口处建有碑亭。坳中为方形的池塘，石砌驳岸，池中种满荷花，池边种有柳树。池塘一侧为旗杆，杆身插入石础中。池塘另一侧平地上放置有方形石桌。池前靠近山路处有一座由四株独杆树支撑的牌坊状构造物。仁寿山后为梅里，极有可能为赏梅的佳处。岭上平坦处建有四柱攒尖顶草亭一座，具有明显的观景作用。

仁寿山一侧的山谷中，建有玄通院和善福庵，为出家之人修身养性之处。[1]两处观庵合用一个山门。山门面阔三间，屋顶为歇山顶，中间高两边低，屋顶正脊两端有吻兽。进山门后直行为善福庵，向左转则是玄通院。山前有横溪，名为

图2-2-9-2　（明）《环翠堂园景图》A2段

① 休宁县人民政府：《剧作家汪廷讷》，http://www.xiuning.gov.cn/newsdisp.asp?id=20234，2015年6月6日登录。

玉带河（图2-2-9-3）。

　　A4段为正义亭至坐隐园门。自山门沿着条石路而下，可至玉带河边的正义亭。亭前有桥横跨玉带河，桥身微拱，两侧有石栏杆，可在此休憩。亭侧为农田，田间阡陌纵横，农夫们在田中赶牛犁地翻土。一条条石铺设的平坦大道，穿过农田，连接两边的正义亭和山路，路中有一方形的望台，台边设置有栏杆和石凳，路人可在此休憩和赏景。玉带河沿着仁寿山山脚从农田边上流过，是农田灌溉和生活用水的水源。河边有山路蹬道与农舍相连（图2-2-9-4）。

　　条石大道穿越农田后，经过一片山地丘陵，延伸至水边的望亭，亭上

图 2-2-9-3　（明）《环翠堂园景图》A3 段

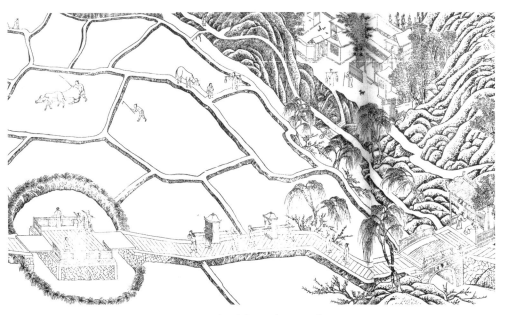

图 2-2-9-4　（明）《环翠堂园景图》A4 段一

悬挂"高士里"三字。高士里亭前立有旗杆，具有引客的功能。亭四面均与道路相连，前主路与平桥相接，桥两边有木质栏杆。另一条主路通向坐隐园入口大门（图 2-2-9-5）。

坐隐园入口为一广庭。广庭一侧为水体，水边种植有桃树、柳树。广庭另一侧为玄庄大门与高阳馆。高阳馆窗前植树，树桩作旅客拴马用，建筑的功能是作为酒馆或者饭馆。广庭中间为直行的条石甬道，连接高士里亭与园门（图 2-2-9-6）。

B 段是全图的精华所在，描绘的是坐隐园整体景观。根据空间单元功能特征，B 段可以细分为 B1、B2、B3、B4、B5 段。B1 段为大门至洞灵

图 2-2-9-5　（明）《环翠堂园景图》A4 段二

图 2-2-9-6　（明）《环翠堂园景图》A4 段三

廊和六桥。这一段为临水建筑群，入口门厅造型庄重，正门门洞上悬挂"大夫第"三字，山墙上写有"坐隐园"三字。门厅后有围合的小院，院内种植有茂密的竹子。院后为平庭，庭两边有直廊，中央一条直行的条石甬道通向"名重天下"门厅，甬道两侧各有一处幡杆，插于石础之上。"名重天下"门厅中间为隔扇门，两侧为不能开启的长窗（图2-2-9-7）。平庭侧边有小门通向小型泉院，泉院中间井泉名为"独立泉"，泉边有水月廊。此段园墙外临水，水边建有"沧州趣"水榭，榭旁建有洞灵庙，庙旁有门洞与六桥相连。六桥架于水上，造型为折桥，桥面一侧有栏杆（图2-2-9-8，图2-2-9-9）。

B2段包含六桥至昌公湖范围。六桥与长堤相接，长堤曲折狭长，延伸至桃坞。堤上种植柳树、桃树、梅花。桃坞种满桃花，岭上有天花坛，架有

图2-2-9-7 （明）《环翠堂园景图》B1段一

图2-2-9-8 （明）《环翠堂园景图》B1段二

石桌石凳，是赏花饮酒之处。靠近桃花坞的岸边建有船坞，以木条支撑屋顶（图2-2-9-10，图2-2-9-11）。长堤自桃花坞转折向昌公湖延伸，沿途有竹篱茅舍、钓鱼台和龙伯祠。钓鱼台与龙伯祠之间种植成排的芭蕉树。长堤后隔河为飞虹岭，有山道可登岭，坡顶平台上有石桌石凳供人远眺休憩。前景为万锦堤，实际上是一大一小两处洲岛通过拱桥连接而成。大洲岛附近水中有一座圆顶茅亭"天放亭"，涨潮时登亭的通道淹没于水面之下。小洲岛建有三开间牌坊，上写"万锦堤"三字，牌坊下有一石碑，刻有"昌公湖"三字（图2-2-9-12，图2-2-9-13，图2-2-9-14）。

万锦堤前临昌公湖湖面。湖面广袤，有两只飞鸟掠过。湖心矗立有"砥柱石"和"倚屏石"。倚屏石中有空洞，为典型的太湖石峰。砥柱石为巨石笋。湖心有一处湖心亭，实际为水榭，四面临水，建于高大的台基上。榭

图2-2-9-9　（明）《环翠堂园景图》B1段三

图2-2-9-10　（明）《环翠堂园景图》B2段一

图 2-2-9-11 （明）《环翠堂园景图》B2 段二

图 2-2-9-12 （明）《环翠堂园景图》B2 段三

图 2-2-9-13 （明）《环翠堂园景图》B2 段四

图 2-2-9-14 （明）《环翠堂园景图》B2 段五

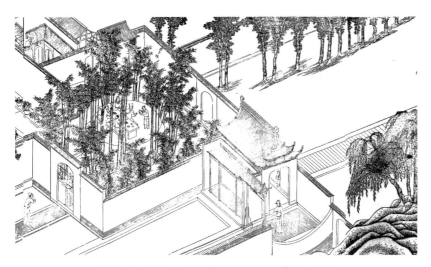

图 2-2-9-15 （明）《环翠堂园景图》B3-1 段

内有案几，数人在此宴乐，旁有小船运载酒食至此。

　　B3 段为昌公湖边坐隐园主体区段，外围由院墙围合。这里根据建筑景观要素的组合关系再细分为 B3-1、B3-2、B3-3 段，每段以一个主景观为核心。B3-1 为这一区段的主入口，位于湖边，入口前为直行的条石道路。道路一侧为昌公湖驳岸，岸边种植垂柳，另一侧为院墙，墙外有成行种植的直立树。入口门厅为歇山顶，侧面两层屋檐，檐角飞翘。门厅旁有一方形小园，园内四周种满竹林，林中有平地，置有石几石凳，几位文士在此饮酒聚会（图 2-2-9-15）。

　　B3-2 段为坐隐园核心建筑群。主体建筑为环翠堂，其后面为嘉树庭。嘉树庭楼后与两层建筑相连。环翠堂前有天井，四面廊墙围合，前面开有一门，门外为复廊。环翠堂天井前方为长方形的中院，院中有一条直行甬道作为主路，与环翠堂大门前的台阶相连，并且与环翠堂、嘉树庭楼构成园区的中轴线。甬道两侧有花台、石台、花盆，栽种整齐的植被。甬道另一端与羽化桥相连。羽化桥为石拱桥，架于池塘之上。池塘为长方形，池边围合有铁艺栏杆，池对岸有太湖石置石成峰。中院两侧为格网墙，一侧开有两门，与无如书舍相通；另一侧无门，植被较多，格网墙外的甬道与凭萝阁相通。

凭萝阁是坐隐园中重要的建筑物，位于环翠堂旁的跨院中。跨院前有一门厅，面阔三间，采用直棂隔扇门样式，平时中间打开，两侧关闭。门厅屋顶中间高，两侧低，博风板和屋脊装饰精美，屋檐下刻有"山庐"牌匾。进入门厅向右即可进入凭萝阁。凭萝阁与"L"形两层游廊相连，游廊与院墙围合成凭萝阁小院，院内与廊下放有石几，几上摆设有花盘、盆景和玩石。凭萝阁前院子很小，有侧门名曰"白云扉"（图2-2-9-16，图2-2-9-17）。

B3-3段为假山池沼为主体的园林区，主体建筑为建于高台上的百鹤楼。高台名为"达生台"，上下两层，中间有平台，四面环有栏杆，台上建有悬山顶建筑"鸿宝关"，侧边与另一建筑"小有天"相连，台前伸出半廊

图2-2-9-16 （明）《环翠堂园景图》B3-2段一

图2-2-9-17 （明）《环翠堂园景图》B3-2段二

"凝碧"。

百鹤楼后为小院"秘阁"，总体为方形。入口为如意门，门内为贴墙廊。院中心为冲天泉，主体为龙首鱼身鱼尾的雕塑，泉水自龙口向上喷出，是当时很少见的喷泉。秘阁院中一侧有一座屋宇，悬山顶，屋脊较为朴素，屋檐下为一排槛窗，屋宇入口面向冲天泉。

秘阁附近另有一处小院，位置隐秘，入口写有"兰亭遗胜"四字。院内无建筑，中心为宽大的石几，凿有曲水渠，用于文士的曲水流觞活动。院内墙边有长条形的石台，摆放数盆兰草。石几旁边有鼓凳、石凳，供聚会者使用（图 2-2-9-18，图 2-2-9-19）。

百鹤楼面向假山池沼区。假山池沼区以池塘为中心，环池布置假山群、石峰，穿插以蹬道、园路、拱桥、平桥，在开阔处布置平台、望亭，形成以山水为主体的休闲观景区。此区又可分为假山段、紫竹林区、素亭区、蟾台段。假山段主要表现池塘边堆砌的假山，上下两层蹬道，假山尽头为池塘的水源，山涧水自玄津桥桥洞下涌出，汇成水面，自高而低从堰

图 2-2-9-18 （明）《环翠堂园景图》B3-3 段一

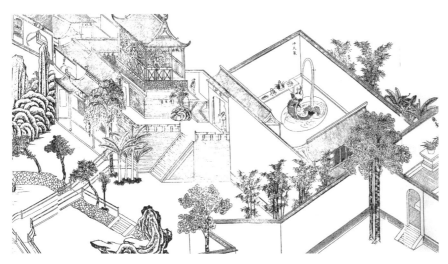

图 2-2-9-19 （明）《环翠堂园景图》B3-3 段二

口泻下，流经石板桥，汇入大池塘。玄津桥为石拱桥，通向紫竹林。紫竹林内有一座供奉神像的道观。紫竹林旁为一山丘，山顶削平，建有六柱圆顶草亭，名为"素亭"。素亭与山下通过环绕的山道相连，山道外侧有栏杆。山丘与池沼之间以及紫竹园之间有篱笆格网墙，开有两个出入口，一处位于水边，以两棵树为支柱，另一处在靠近玄津桥处（图2-2-9-20，图2-2-9-21）。

素亭山丘一侧，由院墙、篱笆格网墙围合成平坦小院，中心建筑为观空洞。观空洞旁为方形池塘，池四周砌有石造栏杆，池中置石并种植了植

图 2-2-9-20　（明）《环翠堂园景图》B3-3 段三

图 2-2-9-21　（明）《环翠堂园景图》B3-3 段四

被。池后为假山竹林，旁有一座朴素的茶房建筑。观空洞另一侧有一座卷篷歇山顶建筑，屋檐下隔扇窗开启，面向登往素亭的山道。其后方的院墙下有藤架，架下种植有紫藤。院中空地上间隔种有竹丛，丛中有高大的置石和石几（图 2-2-9-22）。

出观空洞小院外为另一组山丘，有两个山头，均削为平台，其间通过山道相连。一个山头称为"白藏冈"，平台较为宽敞，放置有四个鼓凳，并种有四株树木。另一山头平台较小，名为"蟾台"，仅容两人站立。山道交汇后通向山头下的半偈庵小院。半偈庵与山体之间用格网篱笆隔离。小院主体建筑为半偈庵，其一侧为清庐境，对面为牡丹林，牡丹花丛中立有数座宏伟的石峰（图 2-2-9-23，图 2-2-9-24）。

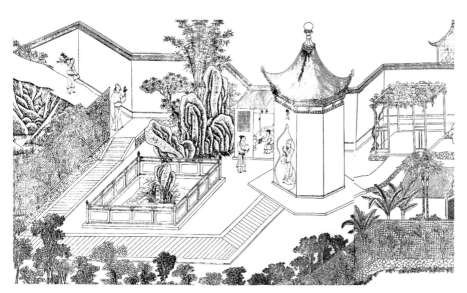

图 2-2-9-22　（明）《环翠堂园景图》B3-3 段五

图 2-2-9-23　（明）《环翠堂园景图》B3-3 段六

B3-4 段为水榭区。水榭名为"无鱼居",榭内有和尚、道士和数位文人在交谈。水榭面向池塘,池中有鸳鸯戏水,水面上架有曲桥,池边空地上种有竹林,并置有石台,台上放有盆景数盆。池边另有一处藏书房,名为"东肆"(图 2-2-9-25 至图 2-2-9-28)。

C 段描绘了院墙外的风景。院墙之外的景色分为近景、中景和远景三个层次。近景处山石嶙峋,山间种植丰富的植被,树木形态婀娜多姿。中景为广莫山连绵的山体,山中平台上建有两层歇山顶庙宇建筑。远景为山体的轮廓,消失在云海之中(图 2-2-9-29~ 图 2-2-9-32)。

图 2-2-9-24 (明)《环翠堂园景图》B3-3 段七

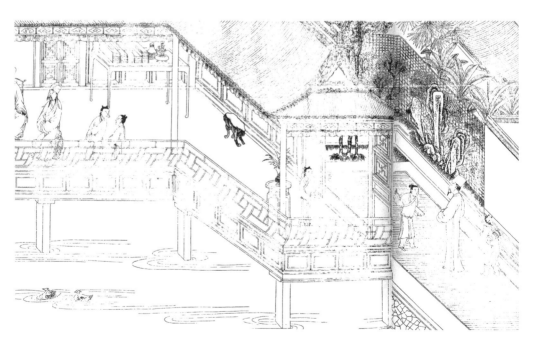

图 2-2-9-25 (明)《环翠堂园景图》B3-4 段一

图 2-2-9-26　（明）《环翠堂园景图》B3-4 段二

图 2-2-9-27　（明）《环翠堂园景图》B3-4 段三

图 2-2-9-28　（明）《环翠堂园景图》B3-4 段四

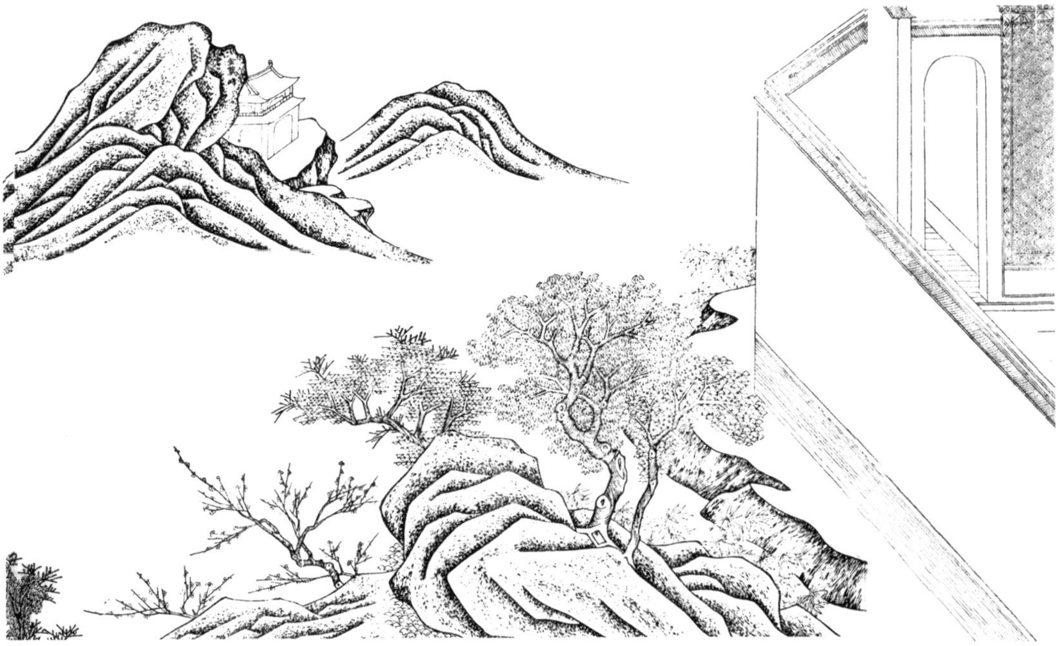

图 2-2-9-29 （明)《环翠堂园景图》C 段一

图 2-2-9-30 （明)《环翠堂园景图》C 段二

图 2-2-9-31 （明）《环翠堂园景图》C 段三

图 2-2-9-32 （明）《环翠堂园景图》C 段四

第三节 《环翠堂园景图》的图像要素分析

一、建筑图像

楼阁是园林环境中较为高大的建筑，一般为两至三层，主要用于居住，也可作为观景和聚会的场所。《环翠堂园景图》中的楼阁包括嘉树庭楼、凭萝阁和百鹤楼。嘉树庭楼位于环翠堂后，为两层重檐歇山顶造型，一层侧边为格了窗，屋檐上有一圈平坐栏杆，二层正面两边各有四扇直棂窗，中间窗户开启，支起帷帐，侧墙两侧各有两扇直棂窗，中间为帷帐。凭萝阁为两层重檐歇山顶楼阁造型，正脊为哺龙脊[1]，博风板采用卷草状装饰。一层采用格子状长窗，中间可开启，入口处上方悬挂"天开图画"匾额。二层四面有一圈平坐栏杆，栏杆内每面各有三个如意形隔扇落地罩。百鹤楼位于高台之上，单檐歇山顶，正脊脊端有螭吻，博风板下沿呈卷草状装饰，楼内环以围栏，通过屏风对楼内空间进行了隔断。

厅堂为私家园林中主要的建筑类型，主要功能为处理事务、会客、聚友和宴乐。计成的《园冶》中写到"凡园辅立基，定厅堂为主，先乎取景，妙在朝南"[2]，可见厅堂处于园林中的核心部位，且面朝南为佳，是很好的观景场所。坐隐园中的主要厅堂为环翠堂，面阔七间，进深三间，悬山屋顶，前有天井，侧有通廊。堂内有大型屏风，将厅堂隔成前后两部分，屏风前面为两排客椅，两边为通道，室内显得较为空旷。

坐隐园临水，园内亦有大面积水景，水榭是其中重要的园林建筑。昌公湖中心的湖心亭是典型的豪华型水榭。该榭面阔三间，进深三间，四面通透不设墙壁，柱间架有美人靠，榭顶为歇山瓦顶，无正脊，为卷篷屋顶，山花装饰以卷草纹样为主，较为精美。另一座重要的水榭为无鱼居。无鱼居面阔四间，进深三间，呈"L"形立于池中，榭顶为纹头脊，正脊上有卷草状装饰。面向池塘的一边没有墙壁，设置有美人靠，供人凭栏观水。榭内空间开敞，放置有案几、画屏，几上摆有香炉、书册。六桥旁的沧州趣，也是典型的水榭。沧州趣装饰较为朴素，面阔三间，四面通透，临水一边有美人靠，可凭栏观赏水景。

廊在园林环境中具有通行、观景和游憩的功能。《环翠堂园景图》中描绘的廊较多，有爬山廊、半廊等。爬山廊主要位于坐隐园周边的山中，沿着蹬道布置。半廊位于园林中，一侧为墙壁，另一侧为廊柱，一般采用单面坡屋顶，如入口门厅背面廊、环翠堂天井侧廊、凭萝阁游廊、凝碧廊、秘阁廊。独立泉小院的水月廊采用悬山顶，面阔三间，进深一间。

馆是具有接待功能的建筑。园林中的馆在造型上接近于厅堂，功能上偏重于会友、聚会和招待，也可用于居住。也有一些馆舍建筑布置在入口处，以接待功能为主。在坐隐园大门入口，建有高阳馆，功能为迎客、招待和食宿服务。高阳馆面阔三间，一主间两次间，悬山屋顶，入口连接正厅，两侧开辟有直棂式短窗，室内陈设有饭桌。两侧次间墙上开辟有格子状窗户。百鹤楼旁的侧院中建有漱玉馆，可能为女眷居住之处。该馆屋顶

---

① 哺龙脊是明代姚承祖所著《营造法原》中列举的江南地区屋脊式样，特点是正脊脊端龙嘴朝外。
② (明)计成著《园冶》卷一"厅堂基"。

为悬山顶，面阔两间，一主间一次间，次间开有槛窗，主间为正堂，后置屏风。

舍是居住的房屋，也可用于藏书读书，称为"书舍"。环翠堂中院一侧有无如书舍，图中只描绘了入口，建筑构造不明确。肆是古代刊印、买卖书籍的地方，一般不设置在园林中。坐隐园主人汪廷讷本人为书商，在园内设置有书肆，即无鱼居旁的东肆。从图中可看出，东肆墙上开有圆窗，两侧有便门进出，屋内高大的书架放满了书。

除了书舍以外，图像中还描绘了数处农舍，均位于坐隐园外。水田边的坡上有一处较为集中的农舍，共有六间房屋，由土墙围合成两个院落。土墙为草葺顶，下有石砌墙基。农舍建筑基本为面阔两间的穿斗式房屋，屋墙上开辟有直棂式和格子状短窗。屋舍除了一栋有瓦顶外，其余皆为草葺顶。桃坞旁的堤坝上有一座竹篱茅舍，面阔三间，中间为双开隔栅门，两侧为格子状槛窗，茅草屋顶，四周种竹子，建筑风格清新朴素。

《环翠堂园景图》中的亭子较多，且造型各异，从形态上划分有园亭、方亭，从材料上划分有草亭、石亭，从功能上看，主要是用于观景和休憩，也有少数用于祭拜。玄通院山门下的正义亭是典型的拜亭，造型为四柱方形歇山顶，三面通透，亭内设有栅栏隔离拜客与塑像。坐隐园入口湖边的高士里亭，具有接待、休憩和观景的功能，造型为四方石柱四角攒尖顶，四条垂脊上各有三个走兽。亭身立于高台之上，具有很好的视觉通廊。亭前高耸的旗杆，具有明显的引客意味。

观景的亭子往往位于制高点，具有良好的视野。仁寿山后的山顶平台上有一处茅草亭，造型为四柱攒尖圆顶，外观朴素，是展望梅里的观景点。素亭位于坐隐园内紫竹林旁山顶平台上，是展望园内竹林、假山群和池塘的观景点。图中另有一处观水亭，即位于昌公湖万锦堤边的天放亭，立于水中，有台阶深入水下，可见退潮时应该有通道与万锦堤相连。天放亭造型为六柱攒尖茅草圆顶，亭柱插于台基上，亭中有美人靠可供人休息，其造型与素亭相似。

寺庙包括佛寺与道观，寺庙建筑包括佛殿、塔、庙宇、庵房等，是用于宗教祭拜、修行生活的场所。图中显示，坐隐园内有洞灵庙、龙伯祠、大慈室、观空洞、半偈庵、清庐境，园外有玄通院、善福庵，远处的山川之中有不少寺庙，隐约透露出前殿后塔的格局。

园内的寺庙建筑基本为一层。素亭附近的观空洞为砖砌道教建筑，平面呈六边形，开有葫芦门，攒尖屋顶，檐下仿木斗拱式样，饰带装饰精美。蟾台下面的半偈庵为歇山屋顶，纹头脊上有连贯的卷草状纹样装饰，侧面有卷云装饰博风板，屋檐下为如意门。园外仁寿山中的玄通院和善福庵位于进入坐隐园必经的路边，描绘得较为细致。玄通院主殿为歇山顶，屋顶下有博风板，殿墙上开有葫芦门。善福庵旁为一处别院，院中有太湖石置峰，植被茂盛，别院内建有祠堂和馆舍。

图中的墙包括砖墙、土墙和篱笆墙。明代制砖技术发达，砖材广泛用于建筑和城墙的营造上。坐隐园中大量的墙为砖墙，表面涂白色，墙顶用瓦砌成墙檐，底部有墙基。大夫第入口的边墙较为特殊，墙体为砖砌，上部留出方形孔洞，墙顶檐脊上用卷草纹装饰瓦覆盖，孔洞之间用如意纹砌砖（此段墙极有可能使用了琉璃砖）。土墙位于园外的农舍，底部为乱石砌墙基，顶部用茅草覆顶。篱笆墙位于园中，起到空间围合、隔离的作用，采用格网状，材料为木材或者竹材，墙体通透，有的篱笆墙立于石砌基槽中。

图中门的种类丰富，有门厅、便门、山门、牌坊等样式。门厅一般作为规模较大的园林主入口，或者是重要建筑的入口，在图中共有三处。一处为大夫第门厅，另一处位于昌公湖边。大夫第门厅为歇山顶建筑，屋顶正脊两端有螭吻吻兽，脊上雕琢有装饰用的圈状构件，主门洞为拱状，山墙上也开有拱状门洞。入口门厅主门前放置有一对石兽，门两侧伸出八字边墙，边墙上开有两处拱状次门。昌公湖边的门厅是进入核心区的主门，屋顶为歇山顶，侧边作两层屋檐，正脊、山花装饰华丽，门厅一侧开有便门，门厅后有三开间半廊。第三处位于凭萝阁前，门厅面阔三间，有四扇板门，中间两扇可开启，屋顶中间高两侧低，两侧屋顶为歇山顶，正脊两端均有螭吻。

图中有不少便门，作为园林中联系两个空间的通道，门洞为拱形，不设门扇。建筑物的门一般为隔扇门，一些建筑的门洞形状比较特殊，如观空洞和玄通院的葫芦门、漱玉馆门等，充分显示了民间园林建筑的多样性。山门是寺观建筑群的入口。图中玄通院和善福庵共用一处山门，开有三个拱门，上有三座歇山顶屋顶，中间高两边低。

牌坊有两大类，一类是指示地名，主要集中在堤上。万锦堤头的牌坊为三间四柱不出头式，上面覆盖三座明楼，中间高两边低，牌楼下的石碑和上面的横枋刻有地名。堤上另有两座牌坊，一座位于六桥头，一座位于桃坞前，均为出头式的两柱一间式样，横枋上写有地名。另一类牌坊设置在通道口处，类似于不设门扇的坊门，具有空间界定和提示的作用，多为两柱一间不出头式，楼顶为歇山顶，脊端有吻兽。图中仁寿山池塘前有一座特殊的牌坊，总体呈四柱三间式，支撑物为树干，上部以树枝和树叶修剪成牌楼式样，此类型牌坊在其他图像中未见。

二、山石与植被图像

《环翠堂园景图》中用细致、逼真的手法描绘了大量的置石、假山和丘陵山地。结合图像和文献资料，坐隐园所处的位置为安徽休宁一带，地貌以山地、丘陵为主，山体基本由浅变质岩、花岗岩、砂岩、砾岩构成，由于水流的冲刷，其间形成很多谷地。图中 A 段、B2 段和 C 段的描绘内容以丘陵山地为主，表现了园林所处的地理地貌环境。

在园林造景手法中，常利用一些造型奇特、体积较大、具有景观标识作用的石头作为景点，并对其命名，以衬托出该处的意境。图中倚屏石即为此类案例。倚屏石位于昌公湖中，瘦高嶙峋、中有孔洞、体积硕大，从形态上看是典型的太湖石。湖中另有一块砥柱石，形态修长，远远高于倚屏石，矗立于水中，中间无孔洞，外表受水力和风力冲刷呈条纹状。

倚屏石和砥柱石属于自然景观，并未经过人力的移动。园林内以自然石料为素材，堆砌成假山，模仿自然山体造型，称为"筑山"。筑山是园林

表 2-1　坐隐园中的建筑与景观构筑物

位置	名称	功能	特征
入口区	大夫第	入口门厅	单檐歇山顶
	名重天下	主堂	面阔五间
	水月廊	通行、游览、观景	单面廊
	沧州趣	观水景、休息、候船	面阔三间
	洞灵庙	供奉、祭拜	单层
	六桥	通行	平板折桥
昌公湖区	船坞	停船	
	竹篱茅舍	休憩	面阔三间，草屋顶
	天放亭	观景、庇荫	六柱攒尖茅草顶
	龙伯祠	供奉、祭拜	
	湖心亭	宴乐、观景	面阔三间，进深三间，歇山卷篷顶，四面开敞
中心建筑区	环翠堂	会客、交谈	面阔七间，进深三间，悬山屋顶
	嘉树庭	家宴、会客	两层重檐歇山顶造型，一层侧边为格子窗，二层直棂窗
	凭萝阁	观景、休憩	两层重檐歇山顶，哺龙脊
	无如书舍	藏书、读书	一层
	羽化桥	通行	石拱桥
百鹤楼区	百鹤楼	女眷观景、休闲	单檐歇山顶
	冲天泉	观赏	雕塑喷泉
	漱玉馆	一层	女眷居住
	鱼无居	书、画、会客、交谈	面阔四间，进深三间，纹头脊
	东肆	藏书、刻书	一层，侧墙开圆窗
	凝碧廊	通行、游览、观景	单面廊
	大慈室	祭拜	圆形建筑
	素亭	休憩	六柱攒尖草顶圆亭
	玄津桥	通行、观水景	单孔石拱桥
	观空洞	寺观建筑	砖砌，平面六边形，葫芦门，攒尖屋顶
	藤架	支撑紫藤	方形
	茶房	煮茶	一层瓦房
	半偈庵	寺观建筑	歇山屋顶，纹头脊
	清庐境	寺观建筑	圆形建筑

营造中必要的手法。坐隐园内以百鹤楼前面的假山造型最为复杂，山体足有数人之高，分为上下两条山道。下层山道临水，蜿蜒曲折，山石驳岸相间，并突出池壁形成半岛和池矶。上层山道在石峰之间迂回，连通空旷之处的平台。山上有四处平台，两处为观景和聚会用，布置有草亭和石几石凳；一处位于岩壁中，用于面壁静思；另一处名为朗悟台，用于静坐思考。

　　除了假山以外，园中还有较小的置石组合，多位于平坦的院中，作为观景、对景的对象，或者是位于墙角，起到遮挡的功能。如凭萝阁前院的置石，位于篱笆墙之前，与后面的竹丛、松树形成入口的对景。环翠堂中院石拱桥对面的置石，成为中院中轴线的端点，同时也是环翠堂天井入口处的对景。观空洞茶房一侧的置石，与杜鹃、竹丛搭配，丰富了院落的景观。水池中央的置石，则成为观赏的中心。

　　图中植物种类丰富，代表性的园林植物有竹子、柳树、梅树、桃树、松树、牡丹、紫藤、兰草、睡莲、荷花等。图中竹子集中于大夫第门厅后的隔院、竹篱茅舍四周、湖边入口门厅跨院、墙隅、紫竹林、坡下等处，采取丛植的手法，形成竹林、竹丛。柳树是主要的护堤植被，主要栽种于水岸边、堤坝上，院墙以内柳树较少，仅在池塘边有四株。梅树也是采用成群成丛种植的方式，仁寿山后有地名"梅里"，应是梅树栽种较为集中的地方。桃树则主要栽种于堤坝上，尤其是堤坝拐角处的桃坞里有成片的桃树。在堤坝上还种植着成排的芭蕉，从钓鱼台延伸至龙伯祠。松树具有万年长青的意味，在兰亭遗胜院前有一株巨松，环翠堂中院甬道两侧的盆栽中也有松树。牡丹自唐代起已经是重要的庭园植被，图中半偈庵前石栏杆围合的花池中栽种有牡丹丛。紫藤为攀缘性植被，种在观空洞旁的藤架下，藤杆缠绕在支架上。兰草、兰花主要采用盆栽的方式，放置于用于文人雅集、曲水流觞的兰台上。荷花、睡莲为水生植物，图中主要位于玄津桥下的水塘和万花堤前。

三、人物图像

　　图中人物众多，按照身份划分有农民、船夫、轿夫、仆役、和尚、道士、文人、旅人。农民的形象出现在坐隐园外的农田中和农舍旁，田中劳作的农民有五个，其中一个在锄地，两个分别在赶牛、两个在田边谈话。另有两个挑水的农妇，一个站在田埂上，面向牵牛的牛倌；另一个站在农舍旁，面向一位老妇。农民的形象显示了坐隐园具有自给自足的物质生产条件，农业景观是图像中士人活动和社会形成的基础。

　　文人是图中人物的主体，又分为文人仕宦和一般士人。图中文人进行的活动包括宴乐、曲水流觞、会客、聚会、钓鱼、游览观景。宴乐活动主要发生在昌公湖上，共有三处，且大多伴随着听曲活动。一处位于湖心亭内，参与宴乐的共有七人，其中五人围坐在桌旁，或在交谈、或在听曲，一人站在桌头，正在与歌曲之人鼓掌，一人倚在美人靠上，正在看送食物的船。这七人中四人为仕宦装束，三人为一般士人装束。除此之外，尚有仆役四人，唱曲者两人。另两处宴乐发生在湖中的游船中，在图中分置于湖心亭两侧。靠近万花堤的游船上宴乐者有七人，仆役至少四人，船夫一人；另一船中宴乐者六人，仆役一人，船夫一人，旁边一船载着奏曲打鼓者六人。

园内的宴乐活动发生在门厅旁的竹园内。近乎方形的小别院内，种满了竹子，竹林中有一长桌，围坐四位士人，正在进行宴乐活动，旁边有一位侍从在斟酒。门口处有一人站立，正在和门外之人相互抱拳行礼，应该是在迎接门外的客人。

曲水流觞是文人的雅集活动，此活动发生在兰亭遗胜院内。院内较为空旷，墙边兰台上放置有兰花数盆，院外有一株巨大的松树，枝叶伸展到院子上空。院中巨大的石几上，雕琢有曲折的水槽，槽中流水上置有酒杯。石几四周坐着七个人，均为一般士人装束，正在做对诗喝酒的游戏。石几一角另有三个仆役，正在倒酒端酒。

图中会客场景较少，正式的会客行为发生在主厅环翠堂中，宾客三人坐在堂内屏风前两侧的椅子上，正在交谈。室内的聚会发生在无鱼轩中，聚会者共有六人，其中一人为和尚，另外五人为文士打扮，除了最左边的文士站立在书案边、正在捋须看着摆弄香炉的书童以外，其余五人皆为坐姿，呈现出正在交谈的关系。和尚与手拿拂尘者坐在高靠背椅上，和尚年纪较大，双手抄在袖中，身体前倾，正在认真地倾听。中间的文士手拿拂尘，正在面向大家讲话，此人无疑是交谈关系中的主角。其对面的人坐在美人靠上，两臂搭在美人靠的靠背上，坐姿较为慵懒，正在与拿拂尘者交谈。其余两人坐在鼓凳上，倾听这两人讲话。另有书童三人，两人站在右侧，双手环抱而私语；一人站在左边，正在摆弄案几上的香炉。

游览观景是图中文人主要的休闲活动。观赏园景和远景，最好的视角是从山坡顶的平台上，或者楼阁的顶层，向远处、低处俯瞰。图中蟾台上两人、白藏冈上两人、凭萝阁上两人、天花坛上三人，皆为从高处俯瞰风景。百鹤楼上也有女性观景者数人。除了从高处俯瞰风景外，也有就近观赏水景的场景。沧州趣水廊外，两人正在凭栏观望。玄津桥上，几位妇人带着孩童正在观看桥下的流水与荷花。

钓鱼是文人的休闲活动。堤坝中有一钓鱼台，一位士人一边垂钓，一边聚精会神地看书。旁边的石台上放着书卷，一侧站着一位书童。龙伯祠前的堤坝边，也坐着一位士人，双脚伸到水面上，貌似正在濯足。其后站立一位琴童，双手抱着琴包。

第四节　《环翠堂园景图》的视觉呈现分析

《环翠堂园景图》是明代罕见的长卷版画，共雕刻有 45 块图版，左右连接成横 1486 厘米、纵 24 厘米的长卷，最初由环翠堂书坊以白棉纸印刷。[1]绘者通过图像语言对坐隐园空间构成与周围环境进行描述，这种描述建立在图卷视觉呈现的结构上，其顺序与园林空间的物理秩序具有一定对应和变异的关系，同时也受到图卷本身尺寸形式和观看习惯的影响。图卷平时是以类似于卷轴画的形式收藏，在观赏的时候，从右向左依次展开，

---

①《宋元明清的版画艺术》，第 71 页。

图像内容也随之从右向左依次呈现。

　　观者的视点随着横卷的展开而移动。随着场域的变化，视点的远近也随之变化。A1 段视点高、远，描绘的为远景山峦。A2 段至 B 段视点拉近、拉低，C 段的视点恢复高、远位置。视点的变化与视觉表现目的有关。B 段表现的为坐隐园内景，必须将视点拉近放低才可清晰地呈现。而 A1 段和 C 段表现的周围山体属于远景，必须从较高的视点进行呈现。在连续的图卷中视点的变化，必然涉及图像空间的转换。对于这类转换，绘者巧妙、熟练地利用山石、植被的遮挡，或者水面的过渡空间，使得空间的转换较为自然，不会让观者有变形的感受。

　　总体而言，图卷视觉呈现的顺序大致服从于入园的游线。从右向左依次呈现了白岳、山坡、仁寿山、农田、山坡、主园门、独立泉院、万锦堤、昌公湖、园门、环翠堂、兰亭遗胜、秘阁、百鹤楼、假山、池沼、白藏冈、鱼无居、东肆、后山，这个顺序基本符合入园、游园的顺序。绘者在构图上巧妙地利用了横卷的观图习惯，在从右向左逐次展开的过程中完成了坐隐园空间的视觉呈现，同时带给观者游园的体验。这种时间与空间相结合的视觉呈现手法在明清园林图像中非常独特。

　　在具体的表现方面，绘者的风格明显是工笔山水，同时结合界画的手法，将细部结构与装饰表现得淋漓尽致。刻工以细密的点、线一丝不苟地镌刻，对细节的雕刻尤其到位。台阶、石板路、建筑屋檐、脊端、帷帐、屏风等雕琢感强烈，有图案化倾向，画面极尽精致、缜密之能事，体现了徽派版画精细、华丽的风格；而坐隐园作为书商的私家园林，内部精巧奢华，这种图像手法正是坐隐园风格的表达。

第三章　文人家园的图式书写—《拙政园三十一景图》

第一节 《拙政园三十一景图》的概况

　　《拙政园三十一景图》是明代著名文人、书画家、收藏家文徵明以拙政园的景点为主题而作的画作，共计三十一景，因而成三十一幅画作。该图像作于嘉靖十二年（1533），绢本册页，每页一图，并题有题咏，因而又称为《拙政园图咏》。[①]

　　拙政园位于苏州娄门内东北街。唐朝时，此处为陆鲁望的宅地，元朝时为大宏寺所在。明朝弘治年间（1488—1505），御史王献臣（字敬止，号槐雨）罢官后仕此营造宅园，园名取自晋朝文人潘岳的《闲居赋》中的"拙者为政"之句，名"拙政园"。嘉靖六年（1527），文徵明辞官回乡，返归苏州，潜心研究文学和绘画。文徵明与王献臣关系良好，曾经一同出游，并多次以拙政园为主题题诗作画，如嘉靖七年（1528）绘制了《为槐雨先生做园亭图》，嘉靖三十七年（1558）作《拙政园图》。文徵明以拙政园为题作画，并非换取报酬，而是以其作为对友人的酬谢方式。

　　文徵明是吴门画派的大家，不仅对景物的写实技法高明，更擅长通过笔墨皴法变化表达精神气质。《拙政园三十一景图》恰恰体现了这种融合写实与写意的绘画技法特征。与其他拙政园主题绘画相比，《拙政园三十一景图》对当时拙政园内的三十一处景点做了详细的描绘，每一处景点单独作画，同时配合以题咏，将景点的空间构造与造园意匠表现得淋漓尽致。

第二节 《拙政园三十一景图》的图像描述

　　第一景为"若墅堂"。画面中央为一主两次三间房屋。主屋面阔三间，中门大开，内为主厅，门两侧为柳条隔扇。两侧次间均后退于主屋，屋顶为歇山顶，以草葺覆屋面。侧边另有一间房屋，与主屋围合成中庭。庭中站有两人，站在前面的为明代士人装束，年纪稍长；年轻者手拿长杆，缩于其后。屋后有城垛，前面为山坡，绘有高大的松树、樟树。坡下有折线形的篱笆墙，将山坡与庭院隔离开来（图3-2-1）。

　　第二景为"倚玉轩"。画面中心为半隐在松树后的房屋。房屋共两间，呈"L"形布置，围合成平庭。房屋屋顶为茅草歇山顶，基座较低，屋门前有平台，四角为屋柱，侧边装有栏杆。一人站在屋前手扶栏杆，正在观望屋后的竹林。竹林前筑有假山，山石材料为昆山石（图3-2-2）。

　　第三景为"小飞虹"。画面被一条河斜分成两部分，河上架有一座飞虹桥，桥体与桥上的挂杖文人，成为画面的中心。飞虹桥为拱桥样式，以木质桥柱支撑桥身，桥面上铺有横板，两边装有矮栏杆。飞虹桥自左下部分的石砌平台伸出，向右上方延伸，右侧的桥端被岸边巨大的乔木遮挡。飞虹桥将视点从画面中心的文人转移到右上角的房屋。房屋面阔三间，建筑在毛石砌筑的基座上，两侧有耳房，主屋向前凸出。屋顶为悬山顶造型，屋面材料难以分辨。画面左侧树林中露出梦隐楼的屋顶。岸边松木嶙峋，

---

① 文徵明著，卜复鸣注释：《〈拙政园图咏〉注释》，北京：中国建筑工业出版社，2012年，第17页。

图 3-2-1 （明）《拙政园三十一景图》—《若墅堂》

图 3-2-2 （明）《拙政园三十一景图》—《倚玉轩》

前有竹丛（图3-2-3）。

第四景为"梦隐楼"。此图从另一角度描绘了梦隐楼。梦隐楼处于画面中心偏右位置，楼下有两座平屋，与梦隐楼构成建筑群。画面中心为巨大的山体，构成画面的远景。山前为河流，河边有土坡、石矶，梦隐楼处于岸边。画面的近景为岸边的四株树木，三株微微向左倾斜，一株向右倾斜（图3-2-4）。

图3-2-3　（明）《拙政园三十一景图》—《小飞虹》

图3-2-4　（明）《拙政园三十一景图》—《梦隐楼》

第五景为"繁香坞"。画面上半部分主体为草葺顶的若墅堂，室内空无一人，屋角放置有两座坐墩。屋旁伸出横栏。画面前景部分为种植牡丹、芍药、丹桂、海棠、榉树等花木的广庭；右下角有一小厮，手捧壶器，正在向若墅堂走去（图 3-2-5）。

第六景为"小沧浪"。画面中央为大面积的水面，水面向左上角沿着曲折的河道延伸。水边有一座临水亭，名曰"沧浪亭"，歇山顶造型，正脊两端为翘起的纹头脊，亭顶博风板下有垂下的悬鱼。亭顶由四柱支撑，三面通透，入口处有一座隔墙，柱间有美人靠，可供人凭栏观水。岸线曲折，岸边种植有柳树、竹丛。右下方有一条水涧，涧上跨有一条石板桥（图 3-2-6）。

图 3-2-5　（明）《拙政园三十一景图》—《繁香坞》

图 3-2-6　（明）《拙政园三十一景图》—《小沧浪》

第七景为"芙蓉隈"。此景描绘了河道弯处、水流湍急，水中种植有睡莲、荷花等水生植物，岸边种植有密集的木芙蓉（图3-2-7）。

第八景为"意远台"。画面空旷，大面积留白，天边描绘有远山。画面中心为巨大的石台，台上站有两人，一主一仆，主人站在石台边上，背负双手，望向水面尽头蜿蜒远去的山体。石台边种植有直立的巨松。画面下方有一人正在向石台走去（图3-2-8）。

图3-2-7 （明）《拙政园三十一景图》—《芙蓉隈》

图3-2-8 （明）《拙政园三十一景图》—《意远台》

第九景为"钓碧"。画面以远去的河流为主景,河道岸线曲折,岸边长满芦苇。画面右方有三株浓墨勾勒和渲染的大树,树下画有一块平石,自岸边伸出,石上坐着一位正在垂钓的士人(图3-2-9)。

第十景为"水华池"。画面通过大面积的留白表示水面,仅在中下部分渲染出滨岸。滨岸分为三块。其中一块为近景,位于画面下方,岸边画有数株树木,树下有攒尖顶四方临水亭伸出岸线,亭顶由四柱支撑,平台上围以栏杆。靠近亭子的水面种植有睡莲与荷花。另两块滨岸位于画面中部偏右,中间被水面隔开,岸上种植有柳树(图3-2-10)。

图3-2-9 (明)《拙政园三十一景图》—《钓碧》

图3-2-10 (明)《拙政园三十一景图》—《水华池》

第十一景为"深净亭"。画面视点较近，中下部为水华池，池中有荷花、睡莲、水葱等植被。画面上部为一间草亭，草亭临水，亭内两人袒胸露腹、席地而坐，正在纳凉。亭两侧与后方均为茂密的竹林（图 3-2-11）。

第十二景为"志清处"，画面描绘了一段河岸的风光，岸边有茂密的竹林，左下方驳岸上坐着一位文人，面向水面（图 3-2-12）。

第十三景为"柳隩"，位于水华池南。画面右下部为水面，左上部为滨

图 3-2-11 （明）《拙政园三十一景图》—《深净亭》

图 3-2-12 （明）《拙政园三十一景图》—《志清处》

岸，一条支流将滨岸分成两部分，岸边种植有疏柳（图 3-2-13）。

第十四景为"待霜亭"。画面中心为一座草亭，四方攒尖顶，亭顶由四根木柱支撑，柱间设有帷帐，帐内坐有一位头戴方巾的士人。亭边画有数株柑橘树，画面左侧的树下站有一位书童（图 3-2-14）。

图 3-2-13　（明）《拙政园三十一景图》—《柳隩》

图 3-2-14　（明）《拙政园三十一景图》—《待霜亭》

第十五景为"怡颜处"。画面下部为一条溪涧,涧上架有石板桥。石桥左端架在石矶上,桥右边岸上建有一房一榭,呈"L"形布置,房榭前后种有数株直立乔木(图3-2-15)。

第十六景为"听松风处"。画面主体为五株松树,松枝松叶正在随风摇曳,有一人坐在松树下,貌似在聆听松林的声音(图3-2-16)。

图 3-2-15 (明)《拙政园三十一景图》—《怡颜处》

图 3-2-16 (明)《拙政园三十一景图》—《听松风处》

第十七景为"来禽囿"。画面中部与上部留白,下部有大面积的林檎树林,林间隐隐透出一段隔墙,中间有一处竹门,掩映在林木之间,隔墙前面向右有山坡逐渐隆起(图3-2-17)。

第十八景为"玫瑰柴"。画面中心为四株桧树结成的得真亭,亭下席地而坐一位文人。亭前后有数组磐石,石间画有数株松树,亭四周种植有大量的玫瑰(图3-2-18)。

图3-2-17 （明）《拙政园三十一景图》—《来禽囿》

图3-2-18 （明）《拙政园三十一景图》—《玫瑰柴》

第十九景为"珍李坂"。画面左下部为土山坡，坡上种了不少李树。右下方另有一处树林，距离较远，树下散开野花。前景为水塘，土坡的纹理自左上向右下插入水中（图 3-2-19）。

第二十景为"得真亭"。此图尽管题咏为"得真亭"，但图中所绘并非亭子，而是一间草屋，墙壁上开有棂条窗。屋前结有篱笆矮墙，前面为曲折的驳岸线，亭四周绘有四株直立的枯树（图 3-2-20）。

图 3-2-19 （明）《拙政园三十一景图》—《珍李坂》

图 3-2-20 （明）《拙政园三十一景图》—《得真亭》

第二十一景为"蔷薇径"。画面左下方为一处房屋，屋前为一条折线路，两侧有蔷薇篱笆矮墙。右方为树林地，林中有一草亭（图3-2-21）。

第二十二景为"桃花沜"。画面描绘了水边的驳岸、土冈和桃花林。下方的水岸边建有四栋房屋，其中一栋为楼阁，登楼可观赏水景和桃花林。屋前有石板桥横跨溪涧，与左侧的驳岸相连，水塘岸边种植桃花林（图3-2-22）。

图3-2-21　（明）《拙政园三十一景图》—《蔷薇径》

图3-2-22　（明）《拙政园三十一景图》—《桃花沜》

第二十三景为"湘筠坞"。画面中间为山涧，涧水两侧为石冈土坡。水边种植了茂密的湘妃竹林（图3-2-23）。

第二十四景为"槐幄"，画面中心为三株巨大的槐树，树形自然伸展，树冠张开如同帐幕。树下坐有一人，背对画面（图3-2-24）。

第二十五景为"槐雨亭"，该亭位于画面中心，茅草覆顶，四柱支撑，柱间三面围有美人靠，一面敞开作为入口，亭内有一士人，席地靠栏而

图3-2-23 （明）《拙政园三十一景图》—《湘筠坞》

图3-2-24 （明）《拙政园三十一景图》—《槐幄》

坐，脸朝亭外。亭前有溪涧，涧上跨石板桥，岸边种有高大的槐树（图3-2-25）。

第二十六景为"尔耳轩"。画面中心为一座四方轩，轩边有移植来的太湖石峰，高度几乎接近轩顶。石峰后有槐树，树下放有三个水盆，盆内种有菖蒲、水冬青等水生植物。轩右侧有数株树木，树下有一手持瓶钵的小童（图3-2-26）。

图 3-2-25 （明）《拙政园三十一景图》—《槐雨亭》

图 3-2-26 （明）《拙政园三十一景图》—《尔耳轩》

第二十七景为"芭蕉槛",画面主体为一座太湖石峰,该石上大下小、中间镂空,形态瘦骨嶙峋,石峰后面为巨大的芭蕉叶。石峰下有一圈栏杆,将石峰围起(图3-2-27)。

第二十八景为"竹涧"。画面景物与"湘筠坞"相似,但是角度不同。"湘筠坞"为正面视点,而"竹涧"为侧面视点。画面主体为竹林下的山涧。山涧自上而下,流淌甚急,流水的形态受到水流石的影响,呈"之"字状(图3-2-28)。

图3-2-27 (明)《拙政园三十一景图》—《芭蕉槛》

图3-2-28 (明)《拙政园三十一景图》—《竹涧》

第二十九景为"瑶圃",画面前方左右各有一处山冈,一道篱笆墙自山冈后面伸出,中间开有栅栏门。山冈中间有一条斜路,一位持杆人正沿路走向栅栏门。左边山冈上种有两棵松树,一高一矮。篱笆墙后面为梅林,林中掩映两座房屋的屋顶(图 3-2-29)。

第三十景为"嘉实亭"。图中嘉实亭为四方攒尖亭,建于一座高台上,背倚山体,面朝瑶圃梅林。亭基座上有围栏三面围合,一面开口与蹬道相连。一位士人在蹬道上向嘉实亭走去(图 3-2-30)。

第三十一景为"玉泉"。画面描绘了一片松林中两位文士盘膝相向而坐,旁边一棵松树后面有一口玉泉井(图 3-2-31)。

图 3-2-29 (明)《拙政园三十一景图》一《瑶圃》

图 3-2-30 (明)《拙政园三十一景图》一《嘉实亭》

图 3-2-31 (明)《拙政园三十一景图》一《玉泉》

第三节 《拙政园三十一景图》图像要素分析

一、建筑图像

《拙政园三十一景图》中，有建筑的图像为十七景。建筑有若墅堂、倚玉轩、梦隐楼、沧浪亭、得真亭、深静亭、待霜亭、槐雨亭、嘉实亭。建筑风格朴素、做法简易，基本为观赏性景观建筑，且多为四方攒尖顶草亭。房屋多为三开间草葺顶。其中，梦隐楼等级最高，据传为园主王献臣的居所，楼高三层，上层环绕平坐栏杆，屋顶为歇山顶，檐角翘起。

图中的亭子为独立设置，位置选择在观景佳处。就近观赏花境的有得真亭，主要观赏玫瑰。槐雨亭主要观赏槐树。建于池沼边观水景与荷花的有沧浪亭、深静亭，观赏枫叶的有待霜亭，观赏瑶圃梅林的有嘉实亭。最为特殊的为得真亭，四柱皆为桧树树干，亭顶为桧树树枝树叶所搭而成。

除了亭子外，其他的建筑，如梦隐楼、若墅堂、桃花沜建筑群、尔耳轩等也具有重要的观景功能。梦隐楼为主居所，位置居中，且靠近入口，登楼可观赏远山近水，全园风貌尽收眼底。若墅堂前有繁香坞，种满了观赏性花草。桃花沜临水处有建筑群，其中有一座楼阁，登阁亦能观赏桃花盛开之景。尔耳轩主要观赏太湖石峰与盆栽菖蒲。

图中的房屋具有居住、存储、会客等生活性功能。房屋多为草葺顶，面阔三间。房屋布局比较分散，成组群散落于各个观景处。两栋房屋多呈"L"形布局，内侧中间围合成小院可作活动空间，外侧扩大了观景面，自屋内可观赏四周的风景。

二、山石、植被、水体与人物图像

《拙政园三十一景图》中，画有大量的驳岸石、山冈，水面上有数处石板桥和石矶。石板桥造型短而薄，顶面微微拱起，架于较窄的溪涧上，仅作一人通行用。驳岸石和石矶均为自然造型，材料为当地所产。意远台为水边一块巨大的平石，上面可站人。太湖石出现较少，仅在尔耳轩和芭蕉槛前各有一尊太湖石石峰，成为赏玩的对象。

《拙政园三十一景图》所有景图均有植被，也有不少景点和建筑物直接以植被命名，可见该园林中植被的重要性。园内植被种类丰富，出现较多的有竹、松、荷花、柳树，另外还有芭蕉、牡丹、芍药、丹桂、海棠、枫树、花红、梅树、李树、桧树、芦苇、菖蒲等花木。植物中大多为观赏性植物，也有一些生产经济作物。

拙政园以水景著称，三十一景图中有水体出现的有小飞虹、梦隐楼、小沧浪、芙蓉隈、意远台、钓碧、水华池、深静亭、志清处、柳隩、怡颜处、珍李坂、得真亭、桃花沜、湘筠坞、槐雨亭、竹涧、玉泉，共计十八景之多。图中水体形态包括泉、涧、溪、河、池、沼，以观水景为主要功能的景点有沧浪亭、意远台、深静亭、怡颜处等。这也印证了当时拙政园面积广阔、地势起伏，全园以水景、植被风光为主体，是一处以自然景观为特色的文人园林。

三十一景图中有人物形象的为二十景，占全部的三分之二左右。人数最多的为意远台，画中有三人。其次为若墅堂、蔷薇径、深静亭、玉泉四幅，画中人物各有两人。其他十五幅画中各有一人。从装束上看，人物身份为士人与仆役，士人均不戴帽，头扎方巾，衣着朴素，表示为退隐的士人。所有的仆役形象均为站立或者持物行走，士人的行为姿态包括席地而坐、站立、交谈、观景、思索、钓鱼、行走等。如待霜亭、听松风处、志清处、玫瑰柴、桃花沜、槐幄、槐雨亭七景中的士人均为一人独坐，倚玉轩、小飞虹、湘筠坞、嘉实亭画中均为一位站立或者行走的士人，深静亭和玉泉中各有两位士人席地而坐、正在交谈，钓碧图中的士人正在钓鱼。画面中人物形象较小，且多以背面示人，大面积的篇幅用于刻画环境和渲染气氛，这种画法正是文徵明的惯用手法，在其其他画作中亦为多见。

第四节　《拙政园三十一景图》的视觉呈现分析

《拙政园三十一景图》共有三十一幅水墨设色图，描绘了王献臣时期拙政园的三十一处景点，每景一图，绘于绢本册页上，另附有对景点的题诗。每幅图像呈现一个主题景观，并形成一个景域。

从图像表达的内容看，有建筑的共有十七幅。其中，以建筑名称为主题的图像有《若墅堂》《倚玉轩》《梦隐楼》《深静亭》《待霜亭》《得真亭》《槐雨亭》《尔耳轩》《嘉实亭》共计九幅。这部分图像的建筑大部分为单体，个别的为两至三栋，形象较为简约、朴实，绘者在表现时并未将建筑形象全部展示，而是通过植被将其部分遮挡。各图遮挡的位置不同，或遮挡部分屋顶、或遮挡部分墙壁。景图的主题并非建筑物，但是建筑在图中是重要的配景，这类图像包括小飞虹、小沧浪、繁香坞、桃花沜、瑶圃。除了小沧浪以外，其他图像的建筑或多或少地受到遮挡，尤以瑶圃一图最甚，仅露出两座屋顶，且用笔较虚。总体来看，人工化的建筑物并非各个景图表现的中心，而是起到点景的作用。据文徵明所作《王氏拙政园记》，该园景观以自然、生态为特征，建筑较为稀疏。《拙政园三十一景图》图像的内容也反映了这一特征。

《拙政园三十一景图》各景自成一图，各景图有自身的视觉焦点，图景的展开受到图幅边界的分割，因此各景点之间的空间关系无法表达。但是各景图的题咏，通过文字的表达方式交代了各景点之间的空间关系。结合题咏的说明，可以推断出小沧浪为拙政园的中心水池，池北的梦隐楼为主居所，池南有若墅堂、倚玉轩和繁香坞，若墅堂极有可能靠近园林主入口。"小飞虹"拱桥是联系池南池北的主要通道。小沧浪亭、芙蓉隈位于池西，小沧浪亭以北为意远台，台下为钓碧。水华池位于西北角，池边竹林中建有深净亭。梦隐楼后为听松风处。主水池东面为来禽圃与得真亭，得真亭周围为玫瑰柴，后为珍李坂。池岸边为桃花沜，桃花沜以南为湘筠坞和竹涧。竹涧东岸为槐雨亭。东南角有玉泉井和瑶圃，圃中有嘉实亭。[1]

各景图的视点高度不一，观赏景域的方向也不同，视点的选择主要根据表达的要求和景物对象的特征而定。大部分景图中，绘者的视点较低，贴近被描绘的景物，接近于人的尺度。这种视点让观者有亲临其境之感，适合不以建筑物表现为重点的景图。小飞虹、小沧浪、意远台三图的视点较高，前两者基本呈现了飞虹桥、沧浪亭的式样全貌，后者则是出于景观的立意，画面有空旷、神怡的氛围。

绘者对于各个景域空间结构的再现，主要是通过透视法和虚实法实现的。图中采取了散点透视，并通过遮挡的手法呈现了基本的三维空间。由于画幅较小，景物也不复杂，故散点透视基本未产生明显的变形。只有在局部的构造细节上，如飞虹桥的桥柱与河岸的交接结构上，应用散点透视有明显的变形感。水墨画创作传统上是通过虚实和近大远小的手法呈现立体空间，绘者熟练地运用了这些手法，虚实兼用、轻重相间，通过虚实轻重的对比加深了景域的空间进深。

绘者通过兼工带写的手法完成了图像的绘制。在建筑物、栏杆、桥梁的描绘上，墨线平直，极为工整，明显带有工笔画、界画的特征；而对山石、植被、水体的描绘上则掺杂有不同程度的水墨写意手法。尤其是水墨晕染，营造出隐逸、出尘的文人生活氛围。这种图像意境的书写恰恰是对拙政园景观意境的呼应。

① 卜复鸣，徐青：《明代王氏拙政园原貌探析》，《中国园艺文摘》，2012 年第 2 期，第 105—107 页。

第二部分　清代园林的图像构成与呈现

第四章　清代园林与图像

第一节　清代园林艺术的发展

一、皇家园林

清初，为了满足宗教活动需要，清廷将西苑琼华岛的殿宇改建为永安寺，并在岛上最高处建了一座小白塔，成为西苑的标志性景观。康熙时期，将东岸崇智殿改建为万善殿，在原清馥殿遗址处新建了宏仁寺，并营建宫墙环绕南海，新建了勤政殿，原来的岛屿南台改称为瀛台，并在岛上新建了规模较大的宫殿建筑群，作为其日常处理政务和接见臣僚的地方。

康熙至乾隆时期，清廷进入了皇家园林营造的高潮阶段。新建的皇家园林主要位于北京西北郊，称为"三山五园"。"三山"即香山、玉泉山和万寿山，"五园"为静宜园、静明园、清漪园、畅春园和圆明园。除畅春园、圆明园外，其余皆为行宫御苑。

北京西北郊的香山与玉泉山，山峦起伏、植被葱郁，山中多泉水，山下有湖泊，自辽金元时期，即建有一些行宫设施和寺庙建筑，成为风景名胜之地。康熙时期在香山营建了香山行宫，在玉泉山营造了静明园，作为康熙游览西郊的驻跸之处。康熙二十三年（1684 年），在清华园废址上营造了明清以来第一座离宫御苑——畅春园。畅春园采用了宫苑分置的格局，以水系萦绕全局，形成以水景为特色的皇家园林，建成之后成为康熙处理政务、接见臣僚和常年居住的皇家园林。

圆明园位于畅春园北，是康熙第四个儿子胤禛（雍正）的赐园。雍正即位后，将该园大肆扩建，命名为圆明园，作为其日常居住和处理政务的场所。圆明园后经乾隆、嘉庆等皇帝的多年经营，成为中国最著名的离宫御苑。

乾隆时期扩建香山行宫，改名为静宜园，并在北京西北郊依托翁山与西湖营造清漪园，将翁山改称万寿山，西湖改称昆明湖。乾隆十九年（公元 1754 年），清廷在蓟县西北盘山南路建造静寄山庄，内有静寄山庄十六景，成为规模宏大的行宫御苑。乾隆三十八年（公元 1773 年），在玉渊潭建造钓鱼台行宫。乾隆时期对还大内御苑进行了一些改造。乾隆做皇子时住在紫禁城内廷乾西二所，即位后，将乾西二所升级改建为重华宫，乾西头所改为漱芳斋和戏台，原来乾西三所改建为重华宫厨房，其西侧的乾西四、西五所改建为建福宫，并营造建福宫花园。乾隆为其作太上皇养老而在紫禁城东北建造宁寿宫，在宁寿宫后寝区西路营造了宁寿宫花园，该园林又称为乾隆花园。[1]乾隆在景山新建造了几十间廊庑，在山顶建造了亭子，将寿皇殿移到景山中轴线上，并加以扩建。西苑内增建了大量建筑，总体景观有了很大改变。兔园已经不存在，原有地块沦为民宅。

康乾时期，在承德营造了规模宏大的离宫御苑——避暑山庄。这座园林是为了配合清廷的木兰围猎活动，同时也是为了夏季避暑的需要而修建的。避暑山庄依山傍水，充分利用了原来的地势地貌，并吸取了江南园林的精华，是一座技艺精美的皇家园林。康熙在避暑山庄题有"三十六景"，

---

[1] 天津大学建筑工程系编:《清代内廷宫苑》，天津: 天津大学出版社，1986 年，第 10 页。

是避暑山庄景观的凝练表达。乾隆时期增加了许多宫台景点，形成所谓"乾隆三十六景"。

清代的皇家园林在道光年间（1821—1850）开始衰落。因为财力不足，只有避暑山庄与圆明园尚能维持运营。第二次鸦片战争时期，英法联军烧毁、破坏了圆明园、清漪园、静明园等宫苑。光绪年间（1875—1908）仅重修了清漪园，将其改名为颐和园，慈禧太后长期居住于此。[①]

二、私家园林与风景名胜

清代的扬州，盐业极其发达，因漕运、盐业，扬州聚集了大量的财富，又带动了手工业、建筑业的发展，大量的盐商在扬州定居，营造私家别墅。扬州文化发达、环境优美、气候温和，是文人游玩之地，历代文人在扬州留下大量的文学书画作品。文人官僚致仕之后，也喜欢到扬州定居，在一定程度上刺激了扬州园林的发展。

康熙时期，扬州府城西北保障河一带已经有了一些别墅园林，如莲性寺东的东园、小金山后的卞氏园、虹桥西岸的冶春园、问月桥西的王洗马园、篠园。乾隆时期扬州园林发展至鼎盛时期，不仅保障河一带的临水别墅园大量增加，城市内部也有不少典型的宅园。乾隆屡次南巡，路过扬州，扬州盐商为取悦于乾隆皇帝，在乾隆水上巡游路线两岸竞相造园，形成了瘦西湖至平山堂的湖墅园林群。这一时期著名的园林有竹西芳径、华恩迎祝、杏花村舍、平冈艳雪、卷石洞天、西园曲水、四桥烟雨、柳湖春泛、荷蒲熏风、长堤春柳、冶春诗社、白塔晴云、石壁流淙、锦泉花屿、蜀冈朝旭、春台祝寿等园林景点。李斗著有《扬州画舫录》一书，对扬州的园林景点、城市历史风俗有详尽的描述。书中总结"杭州以湖山胜，苏州以市肆胜，扬州以园亭胜，园亭以叠石胜"，说明叠山技巧突出是扬州园林的重要特点。清代江南著名的叠山大师如戈裕良等，都在扬州留有叠山作品。

清代苏州园林的风格和技术日趋成熟，涌现了耦园、网师园、留园等重要的园林作品。苏州园林在明清时期成为中国一个非常重要的造园流派，对皇家园林也产生了重要影响。

三、建筑艺术的发展

清代确定了官式大木作制度。官式大木作是宫廷、华北一带的建筑形制，一般采用抬梁式构架，又分为大式和小式，大式建筑指宫殿、王府、衙署、坛庙等高等级建筑，小式建筑指民居等次要、低等级建筑。大式建筑有斗拱，采用庑殿、歇山、重檐等高等级屋顶，铺设琉璃瓦，台基为石造须弥座。小式建筑铺设布瓦，无斗拱，屋顶为硬山或者悬山顶，台基为砖砌方台。南方的一般性建筑多采用穿斗式构架，大型厅堂采用抬梁式构架。[②]

清廷工部于雍正十二年（公元 1734 年）颁布《工程做法》，是继宋代《营造法式》后的又一重要建筑规范文献。该书规定重要建筑（如宫殿、坛庙、城垣等）的工程做法和工程细目用工用料定额。"斗口"被确定为模数基本单位，从而使建筑用材与等级、构件的材料与尺寸、工料成本与核算

---

①《中国古典园林史》第二版，第 277-280、336-339、341 页。
② 孙大章主编：《中国古代建筑史·第五卷：清代建筑》第二版，北京：中国建筑工业出版社，2009 年，第 385-403 页。

有了固定、详细的依据。

总体来说，清代的建筑等级形制较为分明。在布局、开间、规模、屋顶、层数、材料、装饰的使用上有非常明确的限定，体现了社会的层级本质，基本延续了明朝的建筑形制。相对于宫廷官式建筑，园林建筑的布局与形态上的自由性较大，可因地制宜地进行一定的创造。

第二节　清代的图像艺术

一、清代的绘画

清代山水画与花鸟画在继承前代的基础上，又有了很多新的变化，不仅流派纷呈，在画法上也兼容并蓄，涌现出了八大山人、石涛、"扬州八怪""四王"，以及宫廷画家焦秉贞、冷枚等著名画家。

八大山人与石涛均为明朝皇族后裔，为躲避明末清初的战乱出家为僧，是清代山水画创新的代表人物，其作品具有强烈的个人风格和思想印记，山水的人格化倾向非常突出。八大山人（1626—1705），原名朱耷，擅长书法篆刻，在花鸟画和山水画方面造诣很高。作品常用秃笔与浓淡墨色相辅，笔墨精粹简练。山水画苍劲古朴，一气呵成，富有禅意；花鸟画造型怪诞诙谐，自成一家。石涛（1641—约1718），原名朱若极，年轻时遍访名山古刹，于南京和扬州平山堂两次觐见南巡的康熙。石涛的山水画作品风格豪放，笔墨纵横开阖，有千变万化之妙；花鸟画用笔生动，兼用彩墨、水墨不同技法，画法多变，对描绘的对象，如荷花、梅花、芭蕉、菊花、丛竹等观察细致，下笔有神，富有空灵之气。

"四王"包括王时敏、王鉴、王翚、王原祁四人，是清朝初期的主要画派，继承了董其昌一脉的文人山水画传统，画风崇古，技法精湛，受到上层统治阶层，甚至于康熙皇帝的喜爱。王时敏（1592—1680）出身官宦世家，曾随董其昌学画，并专心临摹古代名家山水，对南派山水画推崇备至。王时敏的作品在学习黄公望绘画技法基础上，笔墨又有所变化，画风秀润苍劲，有清逸之气。王鉴（1598—1677）为明代著名文人王世贞后人，自幼学习董源、巨然、"元四家"等人的作品，也受到董其昌与王时敏的影响，对古代名家技法能融会贯通，作画笔力厚重，意境清幽，代表作有《虞山十景册》。王翚（1632—1717），字石谷，曾跟随王时敏和王鉴学画，师法古人与天地造化，擅长画江南风景，功力精深。王翚曾入京主持绘制《康熙南巡图》，代表作还有《虞山枫林图》等。王原祁（1642—1715）为王时敏之孙，受家学影响，绘画师法黄公望。王原祁进入内廷供职，康熙四十四年（1705）奉旨与孙岳颁等编纂100卷《佩文斋书画谱》，康熙五十六年（1717）主持绘制《万寿盛典图》为康熙帝祝寿。[1]

扬州因为地处水陆交通要冲，盐商聚集，在康乾时期发展成为江南最繁荣富裕的城市之一。在扬州，活跃着一批画家，被称为"扬州八怪"，

---

[1]《中国画艺术专史：山水卷》，第518-528页。

擅长写意花鸟、山水人物，其作品具有鲜明的个性，是清朝中期文人画创新的代表。高翔（1688—1753）为"扬州八怪"中重要的山水画家，曾追随石涛学画，为人追求超脱世俗、避世隐居的境界，作品多以扬州园墅和湖山风景为题材，笔意纵横、风格雅致，不随波逐流，具有很强的创新性。[1]汪士慎、郑燮、金农、高凤翰等擅长写意花鸟画。汪士慎（1686—1759），曾居住于扬州小玲珑山馆，以画梅著称，尤其擅画寒梅，其作品往往为疏枝寒梅，构图精绝，给人以寒风清骨之感。郑燮（1693—1765），字板桥，最擅长画竹和兰花，其作品不仅形态逼真、画风清劲，而且体现了文人的高洁品格和精神追求。金农（1687—1763），擅长诗文、书法，在写意花鸟画方面造诣很高，尤其擅长画墨梅，其作品技法生动，用笔自然，画法不拘一格，有很强的书法笔意，画面充满酣畅淋漓之感。高凤翰（1683—1749）是扬州大写意花鸟画的代表人物，擅长用浓墨、焦墨，用笔融入草书的笔意，画风浑厚，充满豪情雄健的气韵。[2]

二、清代的版画

清代前期是殿版画的大发展时期。康熙十九年（1680）内务府设置的武英殿修书处，是清廷编纂、刊印图书的机构。由武英殿刊刻的图书，称为"殿本"，其中的插图称为"殿版画"。康乾时期，武英殿云集了一大批技艺精湛的画家、学者和工匠，在出版数量和图书质量上远胜于明朝宫廷刻书。

殿版画基本由专业画家勾绘底稿，由刻工根据底稿进行雕刻，因此往往质量很高。一些著名的殿版画汇集了著名画家和雕刻名手之力，甚至有外国传教士参与其中。康熙十三年（1674），由外国传教士绘图、武英殿刻印了《新制仪象图》，是一部科技仪器版画图像集。康熙三十五年（1696）的《御制耕织图诗》，由宫廷画家焦秉贞绘图，雕刻名手朱圭、梅裕凤镌刻，是殿版画中的代表作。另外，武英殿刊刻的《御制避暑山庄三十六景诗图》《古今图书集成》《御制圆明园四十景诗图》《万寿盛典初集》《南巡盛典》等均为殿版画中的巨制。

除了木刻版画以外，康熙时期还引入了铜版画技术。最早的宫廷铜版画为意大利传教士主持雕刻的《御制避暑山庄三十六景诗图》。乾隆时期，清内廷首先与法国合作刊刻了铜版画《平定准噶尔回部得胜图》，此后又单独刻印了《平定两金川得胜图》《平定台湾得胜图》等。嘉庆之后，殿版画的创作逐渐走向衰落。[3]

清代的民间版画主要集中在山水地理志书、游记、画谱、小说戏曲等通俗类读物中。清政府注重修志，各地官府编修了大量的地理志、山水志书，志书中有不少木刻插图，往往是以地方山川名胜为主题，典型的有《黄山志》《摄山志》等。随着地方风景名胜的开发，一些人醉心于游历名山大川，以其经历写成游记类书，其中的版画插图以经历为线索，重点描绘地方风土人情，如道光年间（1821—1850）刊刻的《鸿雪因缘图记》等。清代刊刻了不少画谱，如《芥子园画传》《墨竹新谱》《百蝶图》等，主要在文人与画家中流行。面向大众的小说戏曲类图书依旧刊刻量巨大，尤其是《红

①《中国画艺术专史：山水卷》，第 475-482、557-559 页。
②《中国画艺术专史：花鸟卷》，第 470-503 页。
③ 翁连溪：《清代宫廷版画》，北京：文物出版社，2001 年，第 1、4、5、17 页。

楼梦》《聊斋志异》《镜花缘》《荡寇志》等书，其中含有大量的插图。总体而言，清代民间出版业较为发达，版画数量很多，艺术水平以前期较高。嘉庆之后，一些地方，如广州的木刻版画水平提升很快；上海等地尽管开发较晚，但是经济发展很快，清朝晚期也出现了像《申江胜景图》等富有代表性的版画作品。

第三节　清代的园林图像

根据各个时期园林图像的媒介材料和主题，大致可将清代园林图像的发展分为两个阶段。

第一阶段为清初至乾隆、嘉庆时期，这一阶段是宫廷园林图像的大发展时期。究其原因，一方面是因为康熙至乾隆年间皇家园林，尤其是京郊离宫御苑的营造取得了很大成就。随着南北交融的发展，皇家园林营造技艺吸取了各地园林之长，建筑规范更加明确，皇帝本人亲自主持园林的营造，北京西北郊园林占地广阔，且有助于解决京城的漕运和给水需求，多种因素促进了清代皇家园林的营造。这一时期兴建的重要的园林，如避暑山庄、圆明园、清漪园等，占地广阔，充分利用山川形胜，营造技艺突出，且充分吸取了各地园林名胜的精华，是古代皇家园林的集大成者。另一方面，清代宫廷绘画成就突出。清廷设置了如意馆、武英殿等专事生产宫廷绘画和版画的机构，广招人才，产生了一大批宫廷园林图像。

清代最早的宫廷园林图像当属以避暑山庄为主题的宫廷图像作品。避暑山庄位于河北承德，又名热河行宫，是清朝皇帝夏季避暑休闲和处理政务的大型离宫御苑。北京紫禁城夏季炎热、酷暑难当，而河北承德地处蒙古草原与华北平原的过渡地带，且四面环山、夏季凉爽、气候宜人。出于夏季避暑的需求，康熙皇帝从康熙四十二年（1703）起开始营造避暑山庄，因山就势建造宫殿楼阁、开拓湖区，使得避暑山庄初具规模。康熙二十年（1681），为了进一步维护、提升与蒙古王公贵族的关系，巩固边防，同时也为了训练军队，锻炼、加强满族贵族的骑射技能，康熙下令在蒙古草原建立木兰围场。每年秋季，皇帝带领皇亲贵族、王公大臣、军队等数万人前往木兰围场举行狩猎活动，称为"木兰秋狝"。避暑山庄建成以后，成为清廷木兰秋狝过程中最重要的行宫。雍正年间（1723—1735）避暑山庄停建。乾隆年间（1736—1795）进一步扩建避暑山庄，拓展水系，增建宫殿，使得山庄占地总面积达到 564 公顷左右。避暑山庄的营建前后历时近 90 年，康熙是山庄的奠基者，他将其中景观效果较好的景区命名为"三十六景"。

以避暑山庄为主题形成了庞大的宫廷图像作品体系，这也是清代最早的宫廷园林图像。康熙以四字为名题名三十六景，同时诏命内阁学士沈嵛绘图。沈嵛每景绘一图，以白描手法共绘制三十六图，画幅高 26 厘米、宽 29 厘米，配以康熙的赋诗，于康熙五十年（1711）由内务府刊印成上下两册的《避暑山庄图咏》。次年，雕版高手朱圭和梅裕风等人以沈嵛画作为底稿，按照同等尺寸镌刻了木版画《御制避暑山庄三十六景图》（图4-3-1至图4-3-3）。康熙五十二年（1713），意大利传教士马泰奥·里帕（Matteo Ripa）以木版画为底稿，镌刻了同等尺寸的铜版画，并搭配以王曾期所书康熙题诗和景点记述，印制成《御制避暑山庄三十六景诗图》。[①]

康熙年间，除了沈嵛所创作的画稿外，还有王原祁所绘的《避暑山庄

图4-3-1　（清）《御制避暑山庄三十六景图》—《烟波致爽》

图4-3-2　（清）《御制避暑山庄三十六景图》—《水芳岩秀》

---

① 陈薇：《避暑山庄三十六景诗图》，北京：中国建筑工业出版社，2009年。

图 4-3-3 （清）《御制避暑山庄三十六景图》一《万壑松风》

三十六景》。该画册最迟于康熙五十四年（1715）完成，笺本彩画，画上有康熙御诗，画幅 25.6 厘米 ×28.7 厘米。

乾隆时期对避暑山庄屡有改建和增建，乾隆十九年（1754），乾隆以三字为名新题了三十六景名，与康熙三十六景合称为"避暑山庄七十二景"。在此之前，乾隆多次诏命宫廷画师创作避暑山庄主题图像，均以康熙所定的三十六景为基本内容。如乾隆四年（1739），内阁学士张若霭以白描手法绘有四册绢本《避暑山庄图》；乾隆十七年（1752）户部主事张宗苍绘制水墨画三十六幅，画幅 31 厘米 ×30 厘米，配以乾隆的五言诗，以左图右文的形式刊印成《避暑山庄三十六景图咏》；同年，宫廷画师方琮绘制三十六幅纸本设色画，配合以于敏中所书的康熙题诗，合成一册《御制避暑山庄三十六景诗》；励宗万也绘有纸本《御制避暑山庄诗图》，共四册，录有康熙和乾隆的题诗。

乾隆十九年（1754）避暑山庄新增景名之后，当年，刑部侍郎钱维城以乾隆所题三十六景为对象，绘制了设色水墨画共计三十六幅，配合以乾隆御制诗刊成《御制避暑山庄再题三十六景诗》两册，并与乾隆十七年（1752）钱维城所绘《御制避暑山庄旧题三十六景诗》合称《避暑山庄七十二景》，共计四册，每册十八景图，画幅为 26.5 厘米 ×30.5 厘米（图 4-3-4，图 4-3-5）。①

除了多页景图形式的画作以外，如意馆画师冷枚②作有立轴画《避暑山庄图》。该图轴为绢本设色画，高 254.8 厘米，横 172.5 厘米，工笔山水

---

① 《避暑山庄七十二景》编委会：《避暑山庄七十二景》，北京：地质出版社，1993 年。
② 冷枚为宫廷如意馆画家，康熙年间进入宫廷供职，擅长山水、花鸟、人物，造型准确严谨，构图有透视章法，描绘精微细致。

图 4-3-4　（清）《避暑山庄七十二景》—《绮望楼》

图 4-3-5　（清）《避暑山庄七十二景》—《松鹤斋》

图 4-3-6　（清）冷枚《避暑山庄图》

风格，笔法细腻。冷枚以鸟瞰的视点，全景式地描绘了避暑山庄景观，对于山石、建筑、树木等细节处理较为严谨，并吸取了透视画法，使得画面有很强的立体感（图 4-3-6 ）。

　　乾隆时期建成了北京西北郊的三山五园，出现了一批以三山五园为主题的宫廷园林图像。圆明园原为雍正做皇子时候的赐园，雍正即位后对圆明园大肆扩建。乾隆时期继续营造圆明园，并选择其中代表性的四十个景点，分别赋诗。乾隆元年（1736），乾隆命冷枚绘制圆明园景图，后来改由唐岱[①]、沈源作图，至乾隆九年（1744）完成四十景图，配以雍正书《圆明园记》和乾隆书《圆明园后记》，以及汪由敦所书的乾隆御制《四十景题诗》，合成《圆明园四十景图咏》。全册材料为绢本彩绘，工笔山水和界画风格，对圆明园的格局、建筑、植被、水体、筑山置石等要素表现得非常细致。全册分为上下两册，采用左诗右图的形式，画幅 64 厘米 ×65 厘米，收藏于圆明园奉三无私殿。

---

① 唐岱为宫廷如意馆画家，曾师从王原祁，受到西方绘画的影响，作品中融入了透视和明暗表现技法。

乾隆十年（1745），武英殿刊刻了《御制圆明园四十景诗图》。该图册分上下两册，收录乾隆所作的诗文，鄂尔泰、张廷玉等注，并由沈源、孙佑绘制底稿，共计四十图①。刻图的构图、视点与《圆明园四十景图咏》相同，建筑物也基本类似，唯有背景山脉有所不同（图 4-3-7，图 4-3-8）。

图 4-3-7　（清）《御制圆明园四十景诗图》—《杏花春馆》

图 4-3-8　（清）《御制圆明园四十景诗图》—《坦坦荡荡》

① 孟白等主编：《中国古典风景园林图汇》第一册，北京：学苑出版社，2000 年，第 4 页。

图 4-3-9 （清）《西洋楼铜版图》—《海晏堂西面》

　　乾隆四十六年（1781），圆明园东北部的长春园西洋楼景区完工后，如意馆画师伊兰泰等人奉诏开始绘制西洋楼图画底稿，五年后由内务府造匠处将其镌刻刊印成铜版画，总计二十幅，称为《西洋楼铜版图》。《西洋楼铜版图》全部为西洋楼建筑立面透视图，有明显的透视法影响，对建筑细部刻画入微。二十块铜版和所刻纸图皆藏于圆明园和长春园殿中（图 4-3-9）。[1]

　　清前期营造的皇家园林，面积广阔、景点众多，建筑类型丰富，因此基本采用多景图的绘制方式，每图围绕一个景点而作，唯有《静宜园二十八景图》是长卷形式的园林图像。静宜园位于北京西北郊香山，是三山五园中的行宫御苑，建于乾隆十二年（1747）。乾隆年间宫廷画家张若澄奉诏绘制该图。全图卷长 427 厘米，高 28.7 厘米，纸本设色，采用全景式构图，笔法兼工带写，有一定的水墨写意画趣味。

　　除了以皇家园林为对象绘制的园林图像以外，清前期宫廷和官府还刊刻、生产了一批历史地理类山水志书，其中的木刻插图中包括大量的园林图像，如雍正年间最重要的园林图像是《古今图书集成》中的插图。《古今图书集成》刊刻于雍正四年（1726），由陈梦雷、蒋廷锡等负责编纂，铜活字印本。其中"山川典"收录有山水风景舆图多幅，手法写实、刻工精湛，是当时木刻版画中山水名胜图像精品（图 4-3-10）。

　　雍正年间（1723—1735），浙江巡抚李卫纂修有《西湖志》。该书于雍正九年（1731）刊刻，书中有多幅木刻插图，均以西湖景观为主题（图4-3-11）。书中景图在西湖十景的基础上，增加了九里云松、灵石樵歌等多幅图像。插图均为双页连式，刻画较为精细，体现了殿版画的特色。

① 圆明园管理处编：《圆明园百景图志》，北京：中国大百科全书出版社，2010 年，第 383 页。

图 4-3-10 （清）《古今图书集成》插图

图 4-3-11 （清）《西湖志》插图

　　乾隆三十五年（1770）刊刻了《钦定盘山志》，共二十一卷，由蒋溥、汪由敦、董邦达编纂。盘山位于天津蓟县，山势起伏、植被茂盛，山上多奇松、奇石，山下多山泉、瀑布、池沼，景色四季各异，寺庙众多，是一处风景胜地。乾隆九年（1744）清廷在盘山营造静寄山庄，又称盘山行宫，作为乾隆祭祖途中的驻跸和游览之所。《钦定盘山志》中的木刻版画插图对盘山风景和行宫建筑做了细致的描绘（图4-3-12，图4-3-13）。
另外，董邦达于乾隆十二年（1747）奉诏而作的水墨笺本册页《田盘胜概图》，绘静寄山庄十六景，是该处皇家园林早期的图像表达。

表4-1　清代方志中的园林名胜图版

	图版名称
《钦定热河志》	避暑山庄总图、烟波致爽、芝径云隄、无暑清凉、延薰山馆、水芳岩秀、万壑松风、松鹤清越、云山胜地、考棚图、秀峰书院图、永佑寺、水月庵、汇万总春之庙、鹭云寺、珠源寺、斗姥阁、灵泽龙王庙、溥仁寺、溥善寺、普宁寺、普佑寺、安远庙、普乐寺、普陀宗乘之庙、殊像寺、广安寺、罗汉堂、广元宫、穹览寺、须弥福寿之庙、热河城隍庙、琳霄观、四面云山、北枕双峰、西岭晨霞、锤峰落照、南山积雪、梨花伴月、曲水荷香、风泉清听、濠濮间想、天宇咸畅、暖溜暄波、泉源石壁、青枫绿屿、莺啭乔木、香远益清、金莲映日、远近泉声、云帆月舫、芳渚临流、云容水态、澄泉绕石、澄波叠翠、石矶观鱼、镜水云岑、双湖夹镜、长虹饮练、水流云在、丽正门、勤政殿、松鹤斋、如意湖、青雀舫、绮望楼、驯鹿坡、水心榭、颐志堂、畅远堂、静好堂、冷香亭、采菱渡、观莲所、清晖亭、般若相、沧浪屿、一片云、蘋香沜、万树园、试马埭、嘉树轩、乐成阁、宿云檐、千尺雪、宁静斋、鸢画窗、凌太虚、澄观斋、翠云岩、临芳墅、玉琴轩、素尚斋、永恬居、淡泊敬诚、清舒山馆、戒得堂、春好轩、静寄山房、烟雨楼、绿云楼、创得斋、含青斋、玉岑精舍、文津阁、宜照斋、山近轩、狮子园、有真意轩、碧静堂、含青斋、玉岑精舍、秀起堂、静含太古山房、有真意轩、碧静堂、含青斋、玉岑精舍、喀喇河屯行宫、王家营行宫、常山峪行宫、巴克什营行宫、两间房行宫、钓鱼台行宫、黄土坎行宫、中关行宫、什巴尔台行宫、波罗河屯行宫、张三营行宫、济尔哈朗图行宫、阿穆呼朗图行宫
《钦定盘山志》	盘山全图、行宫全图、静寄山庄、太古云岚、层岩飞翠、清虚玉宇、镜圆常照、众音松吹、四面芙蓉、贞观遗踪、天成寺、万松寺、舞剑台、盘古寺、云罩寺、紫盖峰、千相寺、浮石舫、半天楼、池上居、农乐轩、雨花室、泠然阁、小普陀、古中盘、上方寺、少林寺、云净寺、东竺庵、东甘涧、西甘涧、莲花峰、双峰寺、法藏寺、青峰寺、天香寺、感化寺、先师台、水月庵、白岩寺
《西湖志》	西湖全图、圣因寺图、苏堤春晓、双峰插云、柳浪闻莺、花港观鱼、曲院风荷、平湖秋月、南屏晚钟、三潭印月、雷峰夕照、断桥残雪、六桥烟柳、九里云松、灵石樵歌、冷泉猿啸、葛岭朝曦、孤山霁雪、北关夜市、浙江秋涛、云峰四照、关帝祠图、惠献贝子祠图、湖山春社、功德崇坊、玉带晴虹、海霞西爽、梅林归鹤、鱼沼秋蓉、莲池松舍、宝石凤亭、亭湾骑射、蕉石鸣琴、玉泉鱼跃、凤岭松涛、湖心平眺、吴山大观、天竺香市、云栖梵径、韬光观海、西溪探梅

图4-3-12　（清）《钦定盘山志》插图一《天成寺》

半天樓

图 4-3-13　（清）《钦定盘山志》插图—《半天楼》

080-081

图 4-3-14　（清）《关中胜迹图志》插图

乾隆年间（1736—1795），陕西巡抚毕沅编纂有《关中胜迹图志》，于乾隆四十一年（1776）在热河行宫进呈皇帝，后被著录入《四库全书》。该图志共有三十卷，以州府分篇，各篇又分地理、名山、大川、古迹四目，是乾隆时期陕西地区的地理资料集。图志中有版刻插图数十幅，描绘了陕西山川名胜和宫城寺庙的景观风貌（图 4-3-14）。尽管绘制和镌刻水平低于内府刊刻的《钦定盘山志》等插图，但是具有珍贵的历史价值。[①]

乾隆四十六年（1781）武英殿刊刻的《钦定热河志》，由和珅、梁国治编纂，共一百二十卷，全书分天章、巡典、徕远、行宫、围场、疆域、建置沿革、晷度、水、山、学校、藩卫、寺庙、文秩、兵防、职官题名、宦迹、人物、食货、物产、古迹、故事、外纪、艺文共二十四门。书中木刻插图极为丰富，不仅有避暑山庄总图和七十二景分图，还包括承德的寺庙、城隍、行宫等图像（表 4-1，图 4-3-15，图 4-3-16）。

山西五台山，因夏季清凉，又名清凉山，不仅是避暑胜地，还是佛教

图 4-3-15 （清）《钦定热河志》插图一《水心榭》

图 4-3-16 （清）《钦定热河志》插图一《驯鹿坡》

---

① （清）毕沅撰，张沛校点：《关中胜迹图志》，西安：三秦出版社，2004 年，第 1-3 页。

圣地，乾隆、嘉庆曾巡幸五台山并建有行宫设施。乾隆五十年（1785），武英殿刊行有《钦定清凉山志》，包括圣制、天章、巡典、佛迹、名胜、寺院等共二十二卷，其中的版画插图以清凉山园林名胜为主题，镌刻技艺高超，是清前期园林图像中的精品（图4-3-17）。

《摄山志》为清代南京方志，由陈毅编纂、苏州郡守汪志伊删补、钱大昕考订，乾隆五十五年（1790）汪志伊刊印。摄山即为栖霞山，紧靠长江，风光秀丽，古刹云集，历代文人墨客以栖霞山名胜为主题创作了大量的艺术作品。栖霞山建有行宫，是康熙、乾隆南巡的驻跸之处。《摄山志》共分八卷，内有栖霞行宫、彩虹明镜、玲峰池、紫峰阁、万松山房、幽居庵、天开岩、叠浪崖、德云庵、珍珠泉等园林名胜木刻版画图版，绘者与刻工均不详（图4-3-18）。

图4-3-17　（清）《钦定清凉山志》插图

图4-3-18　（清）《摄山志》插图

康熙、乾隆都曾数次南巡。清宫廷有一批巡幸、盛典类图像，主要是记录皇帝出京巡幸的盛况和沿途的景观及风土人情。著名画家王翬担任宫廷画师后，开始主持康熙南巡图的绘制工作。康熙三十年（1691），王翬、杨晋等绘制了《康熙南巡图》，全图共十二卷，每卷纵67.8厘米，横1555至2612.6厘米不等，绢本工笔设色彩画，描绘了康熙第二次南巡所经过的城池、河湖、名胜、山川、寺庙等，笔法细腻、场景宏大、刻画精微，是宫廷画中的巨制（图4-3-19）。

乾隆帝于乾隆十六年（1751）、乾隆二十二年（1757）、乾隆二十七年（1762）、乾隆三十年（1765）、乾隆四十五年（1780）、乾隆四十九年（1784）六次巡幸江南。由两江总督高晋等人编纂、乾隆三十六年（1771）刊刻的《南巡盛典》，记载了前四次南巡的情况。全书共分一百二十卷，分为恩纶、天章、蠲除、河防、海塘、记典、褒赏、名胜等篇，其中《名胜》篇图版三百一十幅，由画家上官周等主持绘图，描绘了直隶、山东、江苏、浙江南巡沿线的名山大川、园林名胜、寺庙道观和行宫别墅。刻工刀法精良，图绘精美，刻画精细，是乾隆时期华东地区重要园林景观的图像集成。①

嘉庆十六年（1811），嘉庆帝出京西巡，远至五台山。回京后董诰等奉旨在《钦定清凉山志》的基础上编修《西巡盛典》，次年由武英殿刊行。该书共计二十卷，《程途》等部分章节附有版刻图绘，记录了嘉庆西巡沿途的建筑、园林和名胜景观（表4-2）。尽管版刻水平低于《南巡盛典》，但是景观描绘细微，镌刻尚可，是清中期北京至五台山一线重要的园林图像。②

图4-3-19　（清）《康熙南巡图》局部

清）高晋：《南巡盛典名胜图录》，苏州：古吴轩出版社，1999年。
清代宫廷版画》，第15页。

表 4-2　《南巡盛典》《西巡盛典》中的园林名胜图版名称

图版名称	
《南巡盛典》	卢沟桥、郊劳台、宏恩寺、永济桥、涿州行宫、紫泉行宫、赵北口行宫、思贤村行宫、太平庄行宫、红杏园行宫、绛河行宫、开福寺、德州行宫、晏子祠行宫、灵岩行宫、泰岳、红门、玉皇庙、朝阳洞、岱顶行宫、岱庙、四贤祠行宫、孔庙、古泮池行宫、孔林、孟庙、泉林行宫、万松山行宫、郊子花园行宫、南池、太白楼、分水口、光岳楼、无为观、四女寺、顺河集行宫、陈家庄行宫、惠济闸、香阜寺、竹西芳径、天宁寺行宫、慧因寺、倚虹园、净香园、趣园、水竹居、功德山、小香雪、法净寺、平山堂、高咏楼、莲性寺、九峰园、邗上农桑、高旻寺行宫、锦春园、金山、焦山、钱家港行宫、甘露寺、舣舟亭、惠山、寄畅园、苏州府行宫、沧浪亭、狮子林、虎丘、灵岩山、邓尉山、香雪海、支硎山、华山、寒山别墅、千尺雪、法螺寺、高义园、穹窿山、石湖、治平寺、上方山、龙潭行宫、宝华山、栖霞寺、栖霞行宫、玲峰池、紫峰阁、万松山房、天开岩、幽居庵、叠浪崖、德云庵、珍珠泉、彩虹明镜、燕子矶、后湖、江宁行宫、报恩寺、雨花台、朝天宫、清凉山、鸡鸣山、灵岩寺、牛首山、祖堂山、云龙山、烟雨楼、杭州府行宫、西湖行宫、苏堤春晓、柳浪闻莺、花港观鱼、曲院风荷、双峰插云、雷峰夕照、三潭印月、平湖秋月、南屏晚钟、断桥残雪、湖心平眺、吴山大观、湖山春社、浙江秋涛、梅林归鹤、玉泉鱼跃、玉带晴虹、天竺香市、云栖寺、蕉石鸣琴、冷泉猿啸、敷文书院、韬光观海、北高峰、云林寺、六合塔、昭庆寺、理安寺、虎跑泉、水乐洞、宗阳宫、小有天园、法云寺、瑞石洞、黄山积翠、留余山庄、漪园、吟香别业、龙井、凤凰山、六一泉、大佛寺、安澜园、镇海塔院、禹陵、南镇、兰亭
《西巡盛典》	黄兴庄、半壁店、河神祠、普佑寺、大教场、招提寺、印石寺、长城岭、东台、西台、南台、北台、中台、涌泉寺、台麓寺、白云寺、台怀镇、镇海寺、殊像寺、菩萨顶大文殊寺、金刚窟、普乐院、罗睺寺、大显通寺、大塔院寺、寿宁寺、玉花池、临漪亭、莲花池、紫泉河、药王店、宏恩寺

　　康熙至乾隆时期，江南扬州、苏州、徽州、杭州、金陵等地依旧是私家园林和风景名胜的营造中心与荟萃之地，广东的名胜也有了一定的开发。以水墨画和木刻版画插图为媒介，民间的文人画家和书坊刻工生产了众多以南方园林名胜为主题的园林图像。

　　乾隆年间（1736—1795），扬州因京杭大运河水运便利，成为南北漕运的要冲、商业中心城市。大量盐商在此定居经商，争相营造私宅园林，扬州因此成为园林营造的中心。围绕扬州园林，出现了一批园林图像，其中尤以乾隆年间的图像最多。

　　乾隆三十年（1765），《平山堂图志》刊刻。该书由赵之壁撰写，分为两卷，其中的木刻版画插图一百三十二幅图版，采用多页连式，描绘了蜀冈至瘦西湖沿岸的园林名胜。乾隆年间刊刻的《广陵名胜全图》，编者、绘图者、刻工均不详，共有木刻版画四十八幅，以扬州诸名胜景点为主题，手法细腻、透视感强、主体突出，背景较为简略，在植物和山石刻画上能表现出底稿图画中文人画的笔意（图 4-3-20）。《江南园林胜景图》作于乾隆四十九年（1784）左右，共计四十二幅，工笔设色画。该图册所选择的景点、构图、视点和《广陵名胜全图》相近，只是除了材料不同以外，具体所刻画的建筑亭廊、山体植被形象与位置也多有不同（图 4-3-21）。

　　李斗撰写、袁枚作序的《扬州画舫录》于乾隆六十年（1795）刊刻，全书共十八卷，内容基本为关于扬州的风土人情、戏曲杂谈，[①]其中扬州园林名胜图像的木刻版画插图二十八幅，采用双面连式，山石亭馆等描绘较为

①（清）李斗著，王军评注：《扬州画舫录》（插图本），北京：中华书局，2007 年。

图 4-3-20　（清）《广陵名胜全图》插图

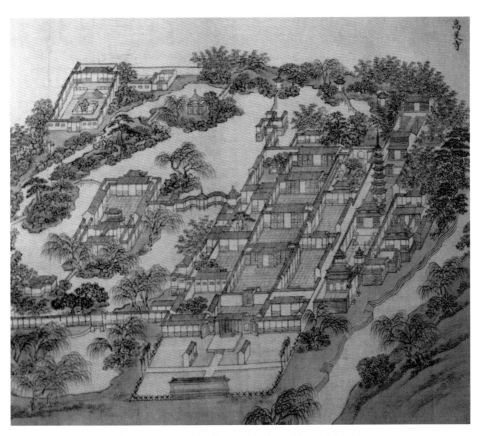

图 4-3-21　（清）《江南园林胜景图》一《高旻寺》

精细，能透过镌刻刀法体现绘图者的画风笔意（图 4-3-22）。

　　清代苏州的私家造园活动非常普及，很多风景名胜也得到充分的开发。康熙、乾隆南巡均路过苏州，不仅在一定程度上促进了苏州的风景开发，还提升了苏州园林名胜的知名度。

　　明末刑部右侍郎王心一辞官归隐后，购得拙政园东侧的一块田地，将其改造为宅园"归田园居"。康熙三十五（1696），画家柳遇应王氏后人邀请创作《兰雪堂图》。该图为横卷，绢本上色，纵 32.8 厘米，横 164.5 厘米，以归田园居主堂兰雪堂为焦点，[①]描绘了园林主要部分的构成、建筑、置石、植被以及人物活动。柳遇曾师从仇英，《兰雪堂图》风格瑰丽、色彩明快、刻画细微，继承了仇英工笔山水画清丽精绝的风格，尤其是建筑物形态构造的刻画非常细密，在工整细致程度上不亚于界画，同时未失去文人画的趣味（图 4-3-23）。

图 4-3-22　（清）《扬州画舫录》插图

图 4-3-23　（清）《兰雪堂图》局部

①《苏州园林山水画选》，第 82、83 页。

绣谷是顺治年间（1644—1661）苏州举人蒋垓所建的宅园，后数易其主。蒋垓后人蒋深是文人仕宦，重得此园，常在此举行文人雅集活动。康熙朝苏州画家上睿于康熙三十八年（1699）作有《绣谷送春图》。该图为绢本设色，横107厘米，纵32.7厘米，描绘了绣谷的厅堂、植被、置石，以及文人相聚在其中举行的送春会活动。画幅中建筑比重较大，采取了界画工整严谨的画法，植被以巨松为主，描绘精微。画面总体色彩雅致，人物形象生动。创作过《康熙南巡图》的王翚与蒋深交往较深，《绣谷送春图》有王翚的题跋（图4-3-24）。[1]

沧浪亭始建于宋朝，为北宋文人苏舜钦所建，是苏州具有代表性的园林名胜。王翚于康熙三十九年（1700）画有《沧浪亭图》。该图为横披，纵33.4厘米，横132.4厘米，纸本设色。[2]画面采用高视点全景式构图，以沧浪亭为焦点，将周围的池沼水系、山体植被和廊台楼榭尽收画中，且用墨主次分明、层次丰富，充分发挥了王翚浅绛山水画的特色（图4-3-25）。除了王翚的画作以外，《南巡盛典》中也有沧浪亭图版。

图4-3-24　（清）《绣谷送春图》局部

图4-3-25　（清）《沧浪亭图》局部

①《苏州园林山水画选》，第86、87页。
②《苏州园林山水画选》，第90、91页。

常熟在明清时期均隶属于苏州府。常熟境内的虞山是风景名胜之地，其自然景观与人文景观成为文人墨客和画家诗文与描画的主题，并孕育了虞山画派。清初大画家王鉴作有《虞山十景册》，纸本册页，共有十开，每幅横 25.6 厘米，纵 18 厘米，有"大海回澜""桃源春涧""西城楼阁""昭明书台""拂水层峦""维摩宝树""湖桥夜月""吾谷丹枫""云护龙祠""藤溪积雪"十幅景图。十幅景图中有七幅为浅绛、两幅为青绿、一幅为墨笔，笔法圆浑有古意，是清初山水画中的精品（图 4-3-26）。[1]

清初安徽太平府辖有当涂、芜湖、繁昌三地，区内山清水秀、风光秀丽，有众多的风景名胜。《太平山水图画》是记录太平府三地山水名胜的木刻版画园林图像集。该图画集刊刻于顺治年间，由怀古堂刊印，清初著名画家萧云从绘制画稿，徽人刻工汤尚、汤义、刘荣等镌刻。全图集包括太平山水全图一幅，描绘当涂名胜的有十五幅，芜湖名胜的有十四幅，繁昌名胜的

图 4-3-26 （清）《虞山十景册》—《西城楼阁》

① 苏州博物馆编著：《苏州博物馆藏明清书画》，北京：文物出版社，2006 年，第 114 页。

有十三幅图版（表4-3）。萧云从所绘每幅图版的笔法与构图均不同，各幅题跋均表明所仿照的前辈大家风格（图4-3-27）。

表4-3 《太平山水图画》中的园林名胜图版名称

	图版名称
当涂	青山图、东田图、采石图、牛渚矶图、望夫山图、黄山图、天宁山图、白纻山图、景山图、尼坡图、龙山图、横望山图、灵墟山图、褐山图、杨家渡图
芜湖	玩鞭亭图、石人渡图、赭山图、神山春雨图、范萝山图、荆山图、灵泽矶图、白马山图、行春圩图、鹤儿山图、东皋梦日亭、吴波亭图、江屿古梅之图、雄观亭图
繁昌	双桂峰图、洗砚池图、五峰图、隐玉山图、凤凰山图、覆釜山图、灵山图、三山图、坂子矶图、繁浦图、峨桥图、荻浦归帆图、北园载酒图

歙县为徽州府治所，县域范围内有黄山、白岳等众多的风景名胜。乾隆年间，阮溪水香园刊刻的《古歙山川图》，是关于歙县山川名胜的图像集。该图集图版为双页连式，由清前期著名画家吴逸勾绘底稿，笔法以模仿前人为主，但不失生动（图4-3-28）。

清代杭州的园林名胜图像依旧围绕西湖景观和人物活动展开。以西湖特定景点为主题的水墨图像有刘度《雷峰塔图》、蓝深《雷峰夕照图》、奚冈《西湖春晓图》、钱维城《孤山余韵图》、张宗苍《西湖行宫八景图》、施文锦《雷峰夕照图》等；以西湖十景为主题的水墨图像有刘度《西湖十景图》、王原祁《西湖十景图》、永瑢《西湖十景图》、董诰《西湖十景图》等。西湖十景主题的图像形式基本为册页和横卷，单个景点主题的图像形式有横卷和立轴（图4-3-29）。[①]

图4-3-27 （清）《太平山水图画》一《赭山图》

①《历代西湖书画集》，第4、5页。

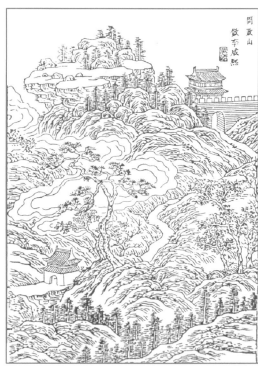

图 4-3-28 （清）《古歙山川图》插图

图 4-3-29 （清）董诰《西湖十景图》（局部）

其中，以雷峰塔为主题的有《雷峰塔图》和两幅《雷峰夕照图》。雷峰塔是西湖十景之一，也是西湖边重要的制高点与视觉焦点，更容易成为绘画的主题。西湖北的孤山为康熙行宫所在，曾是北宋文人林和靖隐居赏梅放鹤之处，因此以孤山为主题的有《孤山余韵图》和《西湖行宫八景图》，另外还有金昆《孤山放鹤图》。

清代金陵园林名胜首推金陵四十景。清初《金陵四十景图》由活跃在南京的画家高岑绘制,以金陵四十景为主题,每景一图,是清初金陵园林名胜的图像集。该图集由刻工镌刻成版画,被收录入江宁知府陈开虞编纂的《康熙江宁府志》中的《图纪》,各幅图为双页连式,该书于康熙七年(1668)刊刻(图4-3-30,图4-3-31)。

乾隆年间进士李调元曾任广东学政,归隐后著有多部戏曲理论著作,并著有《粤东笔记》十六卷。该书主要内容记录了广东的风土人情,卷首有海珠夜月、大通烟雨、白云晚望、蒲涧濂泉、景泰僧归、石门返照、金山

图 4-3-30　(清)《金陵四十景图》—《鸡笼山》

图 4-3-31　(清)《金陵四十景图》—《桃渡临流》

古寺、波萝沐日共计八幅木刻版画，描绘了粤东八个代表性景观。

　　第二阶段为嘉庆时期至清末。这一阶段，皇家园林营造较少，道光之后由于财力枯竭，相继撤销了一些皇家园林的机构设置。相比较于康乾时期，这一阶段宫廷绘画和版画的质量与数量也下降很多，没有出现代表性的宫廷园林图像。而民间造园基本未受影响，扬州、苏州、金陵的造园依旧发达，广东、上海的园林名胜得到了开发，地域画派主导了地方园林名胜图像的创作。随着人口增加、交通发展，各地的山川名胜受到大量的开发，出现了一批带有自传、游记性质的版刻园林名胜插图。

　　清中期以后代表性的扬州园林图像不再以木刻版画为主，而是多为水墨画。"扬州八怪"是著名的文人画家，"八怪"之一的高翔作有《弹指阁》图。弹指阁位于天宁寺西，是以竹林、老树为特色的园林景观。《弹指阁》图为立轴形式，兼有写实与写意的风格，用笔意味强烈，是一幅格调秀雅别致的园林小品图像。

　　以单个扬州园林为主题的代表性图像，首推晚清时期的《棣园全图》。棣园位于扬州城花园巷，始建于清初，曾名为"小方壶""驻春园"。《棣园全图》又名《棣园十六景图册》，是晚清扬州画家王素[1]于1847年所作，纸本上色画，包括絜兰称寿、沁春寻景、玲珑拜石、曲沼观鱼、洛卉依廊、梅馆讨春等十六幅以棣园内不同景致为主题的水墨画，画风较为写实，兼有文人画用笔的意味，格调清秀典雅（图4-3-32）。

图4-3-32　（清）王素《棣园十六景图册》——《沁春寻景》

① 王素（1794—1877），字小梅，扬州画家，"扬州十小"之一。擅长仕女画、花鸟画，曾师从鲍芥田、新罗山人。

晚清时期，除了《棣园十六景图册》以外，画家裴恺作有《熙春台消夏》，杨昌绪作有《邗沟昏月图》，李墅作有《五亭桥图》，陈康侯作有《大虹桥图》。其中，《熙春台消夏》为图轴，《邗沟昏月图》为横披，《五亭桥图》为团扇页，《大虹桥图》为扇页，风格为设色水墨山水画，扬州园林图像形式进一步多样化。

道光年间（1821—1850）关于苏州园林的代表性图像长卷是张釜[1]的画作《临顿新居第三图》。该图为张釜赠予潘曾沂的画作，横卷纸本设色，纵 24 厘米，横 200.5 厘米，以凤池园园景为主题。凤池园是康熙年（1662—1722）顾汧辞官归隐后所营造的宅园，后来屡易其主，道光年间潘世恩购得一部分地皮，重建了凤池园。潘世恩之子潘曾沂继承了凤池园，常在此与四方文人好友相聚。[2]图像采取高视点和散点透视方法，将凤池园的建筑、池沼、山坡等巧妙搭配组合进长卷的画幅之中，在构图和立意上气势恢宏，丝毫没有宅园的局限之感。作者利用色彩和用墨的远近虚实对比，不仅较好地呈现了凤池园的空间构成，也渲染了园林的人文氛围，烘托出园主的精神追求（图 4-3-33）。

清中期以后，虞山十景扩大为十八景。清末画家吴谷祥绘有《虞山十八景册》，共计十八开，各幅纵 27.2 厘米、横 28 厘米，用笔用色有清逸之感。而光绪年间（1875—1908）刊刻的木刻版画《虞山十八景画册》，同样是以晚清时期虞山十八景为主题，个别名称有所变化，在绘图和刻工上则较为粗糙。

金陵的愚园是晚清时期著名的私家园林。愚园又称为"胡家花园"，是明初中山王徐达后裔的别业，后屡易其主，逐渐衰败。后来，胡恩燮购得此地，营造了愚园。其子胡国光作有《白下愚园集》，其中有木版插图两幅，以鸟瞰视点、全景式地表现了愚园的全貌。图版刻画细腻、刻法熟练，写实性强，是这座晚清金陵名园仅存的图像（图 4-3-34）。

清末徐虎绘有《金陵四十八景图》，在原有四十景的基础上增加了八景。该图集每景一图，各图题有文字以说明该景观的特征。光绪十三年（1887），该图集镌刻成铜版刊印。铜版图像笔法细腻，表现精微，是清末罕见的高水平铜版画园林图像（图 4-3-35）。

《西樵游览记》为晚清刘子秀所撰，全书九卷，道光年间刊印。该书主要记录西樵山的山川名胜景点和游览感受。西樵山位于南粤，是著名的"理

图 4-3-33　（清）《临顿新居第三图》局部

---

① 张釜（1761—1829），字宝崖，号夕庵，清代中晚期镇江派画家。
② 《苏州园林山水画选》，第 94、95 页。

图 4-3-34 （清）《白下愚园集》插图局部

臺想昭明

在湖整鎮梁太子
讀書處中建高臺
突兀雲表庭宇閑
敞樹木蕭森而鳥
結花香風聲月色
登斯臺者有令人
徘徊而不能去
長千里貫所作

图 4-3-35 （清）《金陵四十八景图》一《台想昭明》

学名山""道学名山"。自明代正德、嘉靖时期起，山上建有四大书院，四方前来求学讲游的络绎不绝。[①]《西樵游览记》中，包括大科峰图、东四峰图、狮子洞图、云谷图、喷玉岩图、宝林洞图、九龙洞图、南四峰图、凤凰台图等木刻插图多幅，多为双面连式，描绘了西樵山各个名胜的山脉走向、建筑形态、瀑布流水、植被田野等景观面貌（图 4-3-36）。

① 任建敏：《岭南"理学名山"：明代西樵山的四大书院》，中山大学岭南文化研究院：http://lingnanculture.sysu.edu.cn/news/201404/14050215385.html，2015 年 7 月 23 日登录。

图 4-3-36　（清）《西樵游览记》插图

图 4-3-37　（清）《汪氏两园图咏合刻》插图

　　文园和绿净园是如东汪氏家族的私家园林，在当地久负盛名。文园始建于康熙年间，后经由汪澹庵、汪之珩、汪为霖等数代人的刻意经营和悉心打造，成为当地的名园和众多文人雅士相聚交往的场所。乾隆末年，汪为霖在文园附近营造绿净园，园内多修竹，充满文人趣味。汪氏后人汪承镛请人绘成《文园十景图》和《绿净园四景图》，于道光二十年（1840）将景图与其所写的题记，合并成《汪氏两园图咏合刻》一同刊出。图版为双页连式，共计十四幅图像，刻工细腻，写实性很强，笔法不失灵动（图 4-3-37）。

《申江胜景图》刊行于光绪十年（1884），点石斋[1]石印本，作者为点石斋画家吴友如。该图册分两卷，内含六十余幅图像，描绘晚清上海市容风貌，其中有"豫园湖心亭""邑廊内园""也是园""港北花园""申园"等图版，是晚清上海园林的珍贵图像（图4-3-38）。[2]

游记、自传性质的插图类园林图像主要有《泛槎图》《花甲闲谈》和《鸿雪因缘图记》。《泛槎图》始刊于嘉庆二十四年（1819），张宝绘图并编纂。张宝是南京人，自幼习画且喜好游历山水，以其一生游历为线索，编成《泛槎图》。该图集实为纪游体图记，前后共编有六卷，绘图一百零三幅，由上古斋张太古镌刻。张宝乃书画全才，所绘图以所见山川名胜为主题，仿照名家笔法，构图绝妙、画艺精湛。该图集镌刻手法高明，是当世代表性的

图 4-3-38 （清）《申江胜景图》—《豫园湖心亭》

图 4-3-39 （清）《泛槎图》插图

① 点石斋为上海的出版机构，成立于 1884 年。见 Stella Yu lee：《19 世纪上海的艺术赞助》，李铸晋编：《中国画家与赞助人》，天津：天津人民美术出版社，2013 年，198 页。
② （清）吴友如绘：《申江胜景图》，扬州：广陵书社，2007 年。

木刻版画山水图像（图 4-3-39）。

道光十九年（1839），广西富文斋刊刻中《花甲闲谈》。该书由张维屏编纂，全书十六卷，写绘其一生游历。书中有"罗浮揽胜""黄河晓渡""赤壁夜游"等三十二幅版画图像，由叶春生绘图，描绘各地风景名胜，镌刻绘图皆精妙（图 4-3-40）。

《鸿雪因缘图记》为清朝内务府旗人完颜氏麟庆编纂，道光二十七年（1847）刊刻。麟庆家族为清廷内务府世家，麟庆自小随其父和祖父走南闯北，其出仕后足迹遍布大江南北，见闻极其丰富。《鸿雪因缘图记》主要记录其身世和经历，全书分三集，每集八十幅插图，由汪春泉等人绘图。[1]插图中有大量各地的园林名胜图像，画风较为写实，是重要的园林史料（表4-4），（图 4-3-41）。

图 4-3-40 （清）《花甲闲谈》插图

图 4-3-41 （清）《鸿雪因缘图记》插图——《猗轩流觞》

---

[1]（清）麟庆 撰，（清）汪春泉 绘：《鸿雪因缘图记》，北京：国家图书馆出版社，2011 年，第 1-10 页。

表 4-4   《泛槎图》《花甲闲谈》《鸿雪因缘图记》中的园林名胜图版

	图版名称
《泛槎图》	紫琅香市、双山毓秀、万水朝宗、会仙留迹、桂林泊棹、西楼顾曲、天关趋樵、东园小饮、华山参禅、隐仙听琴、雨花遇雨、钟阜穿云、翠微环眺、瀛海留春、武当梦游、东瓯吊古、岫云折桂、禹陵谒呈、兰亭问津、虹桥修禊、邓尉香雪、莫湾访僧、九华拜佛、家园宴乐、东城赏荷、西湖春泛、仙瀛分韵、滕阁看霞、虎阜纳凉、黄鹤晚眺、罗浮访梅、岱峰观日、大观赏月、盘山叠嶂、韩岭悲风、帝城春色、昆明聚秀、邛水寻春、卢沟晓骑、秦淮留别、浮玉观潮
《花甲闲谈》	桐屋受经、松庐把卷、罗浮揽胜、庾岭冲寒、杭寺梵钟、苏台镫舫、洞庭雪櫂、扬子风骚、乡园旧雨、京国古风、香阁怀仙、灯龛伴佛、三度趋朝、五番锁院、黄河晓渡、赤壁夜游、江汉飞凫、襄樊驻马、黄梅集雁、建昌捕蝗、天津望梅、天池看云、青原访碑、匡庐观瀑、鹤楼转饷、鹿洞讲书、快阁携琴、章江泛宅、荆渚烟波、桂林岩洞、珠海唱霞、花邨种菜
《鸿雪因缘图记》	五塔观乐、秘魔三宿、猗轩流觞、戒台玩松、诗龛叙姻、架松卜吉、仙桥敷土、赐茔来象、双仙贺厦、半亩营园、金鳌归里、津门竞渡、临清社火、分水观汶、竹舫息影、汎舟安内、江北督师、康山拂槎、汪园问花、石公验炮、金山操江、桃泉煮茗、叙德书情、绿野泛舟、文汇读书、梅花校士、龙门湖市、东园探梅、荷亭纳凉、赏春开宴、汜光证梦、谦豫编图、桃庵雅叙、咏楼话旧、别峰寻迳、焦山放龟、甘露凌云、妙高望月、高明读画、西园赏雪、惠济呈鱼、平成济美、清晏受福、飞云揽胜、牟珠探洞、扶风春饯、狮岩跌坐、水口参灯、翠屏放牛、甲秀赏秋、黔灵验泉、元妙寻蕉、椹涧望云、铁塔眺远、榴厅治书、梁苑咏雪、帝城展觐、吹台访古、苏门咏泉、羲陵谒圣、桃谷奉舆、芳村献茶、始信觇松、慈苑问径、祁阊勒碑、古关式隐、白岳祈年、翠微问月、莫愁寻诗、随园访胜、燕子扬帆、红桥探春、梦芗谈易、檀柘寻秋、伊关证游、孔林展谒、郡园召鹤、风阁吟花、天一观书、兰亭寻胜、虎丘述德、昆明望春、永嘉登塔、西溪巡梅、禹穴徵奇、石梁悬瀑、六和避险、玉泉引鱼、钱塘观潮、慈云寻梦、董墓尝桃、卧佛遇雨、碧云抚狮、大觉卧游、龙潭感圣、玉泉试茗、旃檀纪瑞、嬭嬛藏书、天坛采药、夕照飞铙、近光伫月、邯郸说梦、藏园话月、黄庙养疴、相国感荫、同春听筝、卫辉观碣、汤山坐泉、云罩登峰、退思夜读、焕文写像

本章所列清园林图像统计表

序号	名称	年代	媒质	绘者、刻者	主题
1	雷峰塔图	清初	立轴，水墨设色	刘度	西湖雷峰塔
2	西湖十景图	清初	绢本册页，水墨设色	刘度	西湖十景
3	虞山十景图	清初	纸本册页，水墨设色	王鉴	虞山景致
4	太平山水图画	顺治年间	木刻版画	萧云从绘，汤尚、汤义、刘荣等刻	太平府（当涂、芜湖、繁昌）山川名胜
5	雷峰夕照图	清前期	立轴，水墨设色	蓝深	西湖雷峰塔
6	金陵四十景图	康熙七年（1668）	木刻版画	高岑	金陵名胜
7	康熙南巡图	康熙三十年（1691）	绢本工笔设色，横卷	王翚、杨晋等	康熙南巡沿途名胜
8	兰雪堂图	康熙三十五年（1696）	横卷，绢本设色	柳遇	苏州归田园居
9	绣谷送春图	康熙三十八年（1699）	横卷，绢本设色	上睿	苏州绣谷
10	沧浪亭图	康熙三十九年（1700）	横披，纸本水墨设色	王翚	苏州沧浪亭
11	避暑山庄图咏	康熙五十年（1711）	木刻版画	沈嵛	避暑山庄三十六景
12	御制避暑山庄三十六景图	康熙五十一年（1712）	木刻版画	沈嵛绘，朱圭、梅裕风等刻	避暑山庄三十六景
13	御制避暑山庄三十六景诗图	康熙五十二年（1713年）	铜版画	沈嵛绘，马泰奥·里帕刻	避暑山庄三十六景
14	避暑山庄三十六景	康熙五十四年（1715年）	水墨设色	王原祁	避暑山庄三十六景
15	西湖十景图	康熙年间	绢本横卷，水墨设色	王原祁	西湖十景
16	古今图书集成	雍正四年（1726）	木刻版画	不详	各地山川名胜
17	西湖志	雍正九年（1731）	木刻版画	不详	西湖名胜
18	避暑山庄图	乾隆四年（1739）	绢本白描	张若霭	避暑山庄三十六景
19	圆明园四十景图咏	乾隆九年（1744）	绢本彩绘	唐岱、沈源	圆明园
20	御制圆明园四十景诗图	乾隆十年（1745）	木刻版画	沈源、孙佑	圆明园
21	田盘胜概图	乾隆十二年（1747）	水墨设色	董邦达	静寄山庄十六景
22	御制避暑山庄三十六景诗	乾隆十七年（1752）	纸本设色	方琮	避暑山庄三十六景

序号	名称	年代	媒质	绘者、刻者	主题
23	御制避暑山庄旧题三十六景诗	乾隆十七年（1752）	水墨设色	钱维城	避暑山庄三十六景
24	御制避暑山庄再题三十六景诗	乾隆十九年（1754）	水墨设色	钱维城	避暑山庄三十六景
25	避暑山庄七十二景诗	乾隆十九年（1754）	水墨设色	钱维城	避暑山庄七十二景
26	孤山余韵图	乾隆年间	水墨设色	钱维城	西湖孤山
27	避暑山庄图	康熙至乾隆年间	立轴，绢本设色	冷枚	避暑山庄
28	孤山放鹤图	康熙至乾隆年间	立轴，绢本设色	金昆	西湖孤山
29	平山堂图志	乾隆三十年（1765）	木刻版画	不详	扬州蜀冈至瘦西湖诸园林名胜
30	钦定盘山志	乾隆三十五年（1770）	木刻版画	不详	盘山名胜、行宫御苑
31	南巡盛典	乾隆三十六年（1771）	木刻版画	不详	乾隆南巡诸名胜
32	关中胜迹图志	乾隆四十一年（1776）	木刻版画	不详	陕西诸名胜
33	西洋楼铜版图	乾隆四十六年（1781）	铜版画	伊兰泰等	长春园西洋楼
34	钦定热河志	乾隆四十六年（1781）	木刻版画	不详	热河寺庙、山川名胜、避暑山庄
35	江南园林胜景图	乾隆四十九年（1784）	水墨设色	不详	扬州诸名胜
36	钦定清凉山志	乾隆五十年（1785）	木刻版画	不详	五台山诸名胜
37	摄山志	乾隆五十五年（1790）	木刻版画	不详	栖霞山诸名胜、寺庙
38	扬州画舫录	乾隆六十年（1795）	木刻版画	不详	扬州诸名胜、私园
39	西湖行宫八景图	乾隆年间	绢本横幅，水墨设色	张宗苍	西湖孤山行宫
40	广陵名胜全图	乾隆年间	木刻版画	不详	扬州诸名胜
41	静宜园二十八景图	乾隆年间	纸本水墨设色	张若澄	静宜园
42	古歙山川图	乾隆年间	木刻版画	吴逸	歙州诸名胜
43	西湖十景图	乾隆年间	绢本册页	永瑢	西湖十景
44	西湖十景图	乾隆年间	纸本册页	董诰	西湖十景

序号	名称	年代	媒质	绘者、刻者	主题
45	粤东笔记	乾隆年间	木刻版画	不详	广东名胜
46	西巡盛典	嘉庆十七年（1812）	木刻版画	不详	嘉庆西巡沿途名胜
47	泛槎图	嘉庆二十四年（1819）	木刻版画	张宝绘，上古斋张太古刻	各地名胜
48	花甲闲谈	道光十九年（1839）	木刻版画	叶春生	各地名胜
49	汪氏两园图咏合刻	道光二十年（1840）	木刻版画	不详	如东文园、绿净园
50	棣园全图	道光二十七年（1847）	纸本册页、设色	王素	扬州棣园
51	鸿雪因缘图记	道光二十七年（1847）	木刻版画	汪春泉等	各地园林名胜
52	临顿新居第三图	道光年间	横卷，纸本设色	张釜	苏州凤池园
53	西樵游览记	道光年间	木刻版画	不详	广东西樵山名胜
54	申江胜景图	光绪十年（1884）	石印版画	吴友如	上海园林
55	金陵四十八景图	光绪十三年（1887）	铜版画	徐虎	金陵诸名胜
56	虞山十八景画册	光绪年间	木刻版画	不详	虞山
57	白下愚园集	晚清	木刻版画	不详	金陵愚园
58	虞山十八景册	晚清	纸本册页，水墨设色	吴谷祥	虞山
59	熙春台消夏	晚清	立轴、水墨设色	裴恺	瘦西湖熙春台
60	邗沟昏月图	晚清	横披、水墨设色	杨昌绪	邗沟
61	五亭桥图	晚清	水墨团扇	李墅	瘦西湖五亭桥
62	大虹桥图	晚清	水墨扇页	陈康侯	瘦西湖大虹桥

第五章 行宫御苑的图像呈现—《静宜园二十八景图》

第一节 《静宜园二十八景图》概况

《静宜园二十八景图》是由乾隆年间宫廷画家张若澄绘制，全图卷长427厘米，高28.7厘米，纸本设色，是宫廷画中描绘皇家园林的代表性图像作品（图5-1-1、图5-1-2）。

张若澄（1721—1770），字镜壑，号默耕，安徽桐城人。其祖父张英曾任工部尚书、礼部尚书、文华殿大学士等职，其父张廷玉为清代名臣，曾任军机大臣，封为伯爵。张若澄考中进士后，奉旨出入懋勤殿，遍览内府所藏书画珍品。张若澄画风细密，精于透视，擅长将文人画笔法融入宫廷工笔园林画中。其代表作有《静宜园二十八景图》《燕京八景图》等。[1]

静宜园是北京西北郊的皇家园林"三山五园"之一，位于西山山脉东部的香山。香山主峰为鬼见愁，海拔570米左右，四周山峦如众星捧月般地环绕主峰。此处地下水非常丰富，泉眼多达50余处，且土壤肥沃，植被茂密，香山红叶誉满天下，可谓山清水秀、人杰地灵之处。早在辽金元时期，香山已经有行宫御苑的建制，金世宗时期在香山营建大永安寺，金章宗时期有祭星台、护驾松和梦感泉。明朝时香山成为京城人游览胜地，并建有香山寺、洪光寺、卧佛寺、碧云寺等。[2]清朝康熙数次到香山游幸，在香山寺旁建香山行宫。乾隆时期大肆扩建香山行宫，改名为静宜园，成为京城西北郊重要的行宫御苑。

静宜园总面积达到140公顷，宫墙顺着山势而建，总长度约5公里，乾隆营造静宜园总计达28景之多，分别为勤政殿、丽瞩楼、绿云舫、虚朗斋、璎珞岩、翠微亭、青未了、驯鹿坡、蟾蜍峰、栖云楼、知乐濠、香山寺、听法松、来青轩、唳霜皋、香岩室、霞标磴、玉乳泉、绚秋林、雨香馆、晞阳阿、芙蓉坪、香雾窟、栖月崖、重翠崦、玉华岫、森玉笏、隔云钟。[3]

第二节 《静宜园二十八景图》的图像描述

与《环翠堂园景图》的景观基本在横向上展开不同，《静宜园二十八景图》的景观在横向和纵向上都有所展开，景观中心成为图卷的视觉焦点。图卷从右至左的横向方向为主题刻画的主轴，本研究为了便于分析，将整个图卷从右至左分为A、B、C、D、E、F六段，每一段含有数个主题景观。

A段为题首至宫墙部分（图5-2-1）。宫墙建造在山脊上，从左上向右下方延伸，沿着山势走向略有弯曲起伏。宫墙右侧的山谷里可见流淌的山涧。这一段云雾缥缈，将画面分割成近景、中景和远景。近景被云海分割成三块。右边为一片黄色琉璃瓦屋顶房子，房后点缀松树。中部为云海中的一片松林。左边为一组建筑群，成中轴对称分布，轴线上自前向后有三进四座房屋，屋顶为灰色悬山瓦顶，前面一座建筑较小，应为入口；中轴线两侧有厢房，屋顶为灰色悬山顶。灰色建筑群外围有数栋黄色屋顶的房

① 周崇云、吴晓芬：《英年早逝的清代宫廷画家张若澄》，东南文化，2009年第1期，第115-117页。
② 刘侗、于奕正：《帝京景物略》，上海：上海古籍出版社，2001年，第333页。
③ 赵洛：《香山静宜园二十八景》，紫禁城，1982年第2期，第34、35页。

图 5-1-1　（清）《静宜园二十八景图》右半段

图 5-1-2　（清）《静宜园二十八景图》左半段

屋，前面有一高台，台上建有灰顶房屋，应具有瞭望功能。建筑群周围为高大的松林。

中景为蜿蜒的山脉，山谷间飘浮着云雾，将中景分成左右两部分山岭。左边山势自左上角的山峰向右下方延伸，作者通过近乎文人画的山体轮廓勾勒和皴法表达明暗体积关系，展现山石裸露的嶙峋感。右边山岭体量很大，山头插入云霄，山势连绵一直延伸至题首处。右边山岭下有一组黄色屋顶建筑群，建筑随山势而建，布局较为自由。远景为左上角云雾中隐约呈现的山体。

B 段自宫墙至重翠崦（图 5-2-2）。这一段两座主要山峰形成两个景点，分别为重翠崦和隔云钟。两山峰之间的山沟里有一处景点名曰"芙蓉坪"。隔云钟为一望亭，四方攒尖顶造型，四柱插于台基上，四周有矮墙围合，前后留有出口。芙蓉坪位于隔云钟亭左下方山沟溪涧岸边上，主建筑为两层楼阁，面阔三间，卷篷悬山灰瓦顶；楼前有厢房，墙垣围合，边角建有一座观水亭。芙蓉坪临峭壁而建，面朝溪涧，涧上跨有石拱桥，桥另一端通向对岸的建筑。重翠崦位于芙蓉坪上面的山顶，台上有三座建筑。主建筑为三开间的殿宇，前面有回廊；左侧有一座四方攒尖亭，右边为卷篷悬山屋顶的厢房。三座建筑立于高台上，台四周有回栏，前有蹬道与山下相连。

C 段为静宜园主建筑群，包括勤政殿、丽瞩楼、玉华岫、绿云舫（图 5-2-3）。勤政殿为静宜园正殿，建于高台基上，面阔五楹，卷篷歇山灰瓦顶，前有出廊和月台，左右配殿各五楹。勤政殿前面为东宫门，面阔五间，卷篷歇山顶，前面出廊。东宫门两侧各有一处边门，前后有四间两对朝房，相对而建，均为面阔五间悬山卷篷灰瓦顶建筑。勤政殿三面被隆起的小山所环绕，后面为内廷区，主体建筑为丽瞩楼。丽瞩楼建于高台上，楼高两层，面阔五楹，前面出廊，卷篷灰瓦顶，前面入口处有面阔三间的

图 5-2-1 （清）《静宜园二十八景图》A 段

图 5-2-2 （清）《静宜园二十八景图》B 段

图 5-2-3 （清）《静宜园二十八景图》C 段

牌坊，左右各有一座相向而建的厢房。丽瞩楼后面有隆起的山冈，一条山路通向坡顶。坡上建有一座多云亭，亭高两层，八边重檐攒尖顶造型，二层伸出平坐栏杆。

丽瞩楼入口牌坊前为八字形蹬道，下层平台上有一组建筑群"横云馆"。横云馆为内外两套合院布局，入口为面阔三间的门殿，主殿亦为三开间前出廊的卷篷灰瓦悬山顶建筑，内院一侧为面阔五间的厢房，前面出抱厦三间。外院前方有一四方攒尖顶座亭，两边各有一间配殿。

勤政殿右侧有两组建筑群，通过隔墙或者排房间隔。左上角最靠近勤政殿的为致远斋，呈多进院落格局，主建筑致远斋面阔五楹，前出抱厦三间，卷篷灰瓦勾连搭屋顶，此处为乾隆临时的听政与批阅奏章之处。图上显示，致远斋有"L"形跨院，跨院较为空旷，种植数株树木。致远斋前方有小型建筑组群，多栋建筑相互围合，并通过院墙分割成六处小合院，建筑基本是卷篷顶三开间，前方有一处望楼建于高台基上，屋顶为十字脊顶。

致远斋右边有一排房屋，主楼高两层、面阔五间，两边伸出耳房各三间，左耳房与一栋面阔五间的殿宇相连。此排房屋地基较高，位于一座隆起的山包上，右侧伸出的院墙基础部分以砖砌立柱支撑。

勤政殿、横云馆与丽瞩楼共同构成内廷区的中轴线。丽瞩楼右侧隔山沟相望的为玉华岫景点。玉华岫位于山中砌起的高台上，四周以宫墙围合，前面开有小门，门外为蹬道，环境较为幽静。内部建筑为合院布局，在高台转角处建有亭廊，增加了观景功能。玉华岫主建筑群左后方有一处较为独立的榭，面阔三间，卷篷歇山顶，四周有围栏，是一处重要的观景点。

自丽瞩楼向左跨过一条山陇，在山坳里建有绿云舫。绿云舫为画舫式建筑，楼高两层，面阔三间，卷篷歇山顶，前面出廊，两侧分别向前伸出东西厢房。厢房均面阔三间，卷篷歇山顶，三面回廊。三座建筑连成一体，中间围合成小院。绿云舫左上方的山坡上建有一座三层高的塔，该塔为六边形，三层重檐攒尖顶，二层和三层伸出平坐栏杆。

玉华岫、多云亭的后面为缥缈的云雾。云雾的上方，从右向左刻画了

图 5-2-4 （清）《静宜园二十八景图》D 段

四个景点，分别为香雾窟、栖月崖、晞阳阿和森玉笏。这四处景点均位于
静宜园外垣区域，距离较远，位置较高。图中香雾窟位于玉华岫左上方，
建筑较多，背靠山崖有一座高台，台下开拱门，台上建有三开间殿宇。拱
门前有一片平台，以院墙围合，墙内建有一座正殿、两座配殿，正殿台基
高于配殿。院墙外有数重殿宇，前方悬崖边建有一座四方攒尖观景亭。香
雾窟向左与栖月崖相望。栖月崖为山中的一处岩石平台，台上建有一组建
筑群，以院墙围合成院。从图上看，房屋面阔基本为三楹，山崖边上的一
栋房子前出抱厦一间。晞阳阿位于 C 段左上角的山涧边上，其后方即为香
山主峰鬼见愁。森玉笏位于其左侧的山峰上，周围怪崖峭壁、峰石林立。

　　D 段为一块完整的宫区，宫墙环绕，有独立的出入口，是皇帝短期驻跸
时居住的场所（图 5-2-4）。此处建筑群采用皇家宫苑惯用的规整多院落格
局。前方为入口门房，面阔三间，两边各有一座三开间值房。从门房向两边
延伸出宫墙，并开有两处便门。门房后为第一进合院，呈长条形，中轴线自
左向右延伸，入口位于宫区的左前方。第一进合院中轴线上自左向右建有四
座屋宇。第一座为前出抱厦三间、勾连搭屋顶"虚朗斋"，斋前有"曲水流
觞"和流水亭；第二座为"学古堂"，前后均出抱厦三间、勾连搭屋顶；第三
座面阔五间；第四座为面阔九间的后罩房，最右端为面阔三间的门房，出门
房即为跨山涧的三孔石拱桥，通向勤政殿宫区。第一进院落通过抄手廊和
厢房围合中心院落，其中正厅的院落最大，两侧厢房均为五开间。

　　第一进院落后面，因地形高差不同，又分为三个独立的建筑群。中央
为一座恢宏的楼阁建筑，基座最高，楼高两层，重檐歇山顶造型，前后出
廊，楼前有八字形蹬道通向下层平院，两侧伸展出爬山廊与两边的建筑群
两连。左侧建筑群为合院布局，左边为院墙，另三边各有一座建筑，其中
右端和前面两座建筑都为五开间前出抱厦三间、勾连搭卷篷顶。左侧院墙
外有一座四边攒尖亭。右侧建筑群也为合院布局，中心建筑为两层高的重
檐戏楼，面宽进深均为三开间，底层通透，歇山屋顶，后面连有扮戏房。
楼两侧各有一座三开间厢房，楼前正对着看戏楼。看戏楼后有爬山廊与中
央楼阁相通。

图 5-2-5 （清）《静宜园二十八景图》E 段

中宫宫墙外为沟壑和山涧，山涧对岸有玉乳泉，泉水清冽，终年不干涸。玉乳泉泉眼上盖有泉亭，不远处有一座三开间水阁。沿山涧向左上方溯流而上，可见雨香馆。

E 段为璎珞岩至翠微亭（图 5-2-5）。璎珞岩在图中中宫左侧，叠石成瀑、水流清冽，瀑布前方有"清音亭"，四柱歇山卷篷顶造型，亭中是欣赏璎珞岩瀑布水景的最佳场所。翠微亭与青未了靠近宫墙，青未了位于宫墙后的坡上，是一座面阔五间的轩，卷篷歇山顶，四周有回廊。翠微亭为八边攒尖顶亭，柱间环绕栏杆。

E 段上方有霞标磴和香岩室。霞标磴为三楹敞榭，坐落在陡峭的山峰上，山道以山石垒砌而成，因过于险峻，有九曲十八盘之称。香岩室位于霞标磴上方，是一组寺庙建筑群。前有山门与入口牌坊，两侧有钟楼鼓楼，内部以回廊和殿宇围合成合院布局。其右侧可看到绚秋林，是香山红叶最绚烂之处。

F 段描绘了香山寺、栖云楼和来青轩景区（图 5-2-6）。香山寺的建筑位于山坡上开辟的平台层上。主入口在画面下方，山门被云雾所遮挡，仅露出屋顶和两侧的桅杆。入口前有知乐濠，池上架单孔石拱桥。第一进台层甬道两侧有钟楼、鼓楼、戒坛、配殿。第二进台层有正殿面阔七间，两侧建有配殿，殿前有两株巨松，名为"听法松"，入口有三开间牌坊。第三进由回廊围合成一个大院落，院中是一座三层重檐六边攒尖塔，各层伸出平坐栏杆，正面均开出一个拱洞。塔后有一座两层楼阁，重檐歇山顶，前面出廊。

来青轩位于香山寺右侧。主入口面向香山寺，正殿位于较高的基座上，面阔五间，高两层，造型为庑殿顶重檐楼阁，四面出廊。正殿前有月台伸出，通过蹬道与下层院落相连。院中种植有巨松，前有庑殿顶入口小门殿，两侧有厢房。来青轩后面另一座高台，台上有红墙围合的建筑群，应是玉华寺所在。[1][2]

栖云楼位于香山寺左侧山坡的高台上。入口门厅为三开间卷篷顶建筑，

---

① 殷亮、王其亨：《御园自是湖光好，山色还须让静宜：浅析香山静宜园 28 景经营意向》，天津大学学报（社会科学版），2007 年第 6 期，第 556-559 页。
② 《中国古典园林史》第二版，第 366-368 页。

图 5-2-6 （清)《静宜园二十八景图》F 段

位于右侧。入内后有一小合院，合院有四座建筑，通过回廊连接并围合成中心院落。过合院后有一两层高的楼阁，面向香山寺方向。合院左上角另有一处高台，台上建有一座三开间建筑。

第三节 《静宜园二十八景图》图像要素分析

一、建筑图像

《静宜园二十八景图》，作为全面展示皇家园林静宜园建筑与风景的代表性巨作，对于建筑、植被、山体等园林要素的描写比较详细。图中涉及的建筑类型多种多样，充分显示了皇家山地式园林的建筑特点，包括殿、亭、轩、楼、舫、塔、榭、房等，建筑功能包括处理政务、读书、游览观景、居住、生活辅助等。

图中的正殿为勤政殿。作为宫廷区正殿，其规格在静宜园中等级最高。但是，由于静宜园是行宫御苑，皇帝不经常在此处理政务，因此勤政殿的形制等级远远比不上紫禁城和圆明园的正殿。致远斋为皇帝游赏静宜园临时处理政务时批奏章和接见臣僚的地方，是重要的办公建筑。

勤政殿后面的横云馆与丽瞩楼均为帝后的生活区。因为只是临时驻跸，因此设施形制等级也比不上圆明园和紫禁城。丽瞩楼位置高耸，是生活区中的观景建筑。

中宫是主要的生活区，其中的建筑具有读书、品画、游戏、看戏、静思的功能。尤其是虚朗斋合院，是皇帝读书、作诗、绘画、赏画的场所，其中的流水亭和曲水流觞的设置主要用于帝王的娱乐和文学创作。中宫有专门的看戏区，内有戏楼和扮戏房。中心楼阁是中宫最重要的观景建筑，与丽瞩楼一样可观赏到静宜园外的湖光山色。

中宫与宫廷区共同构成皇帝游赏静宜园时的居住和办公区，建筑较为密集，建筑功能较为完备，周围宫墙围合，具有较好的军事防卫功能。其他的建筑基本为游览观景建筑和宗教建筑。

香山寺院较多，著名的寺院有香山寺、碧云寺等。《静宜园二十八景图卷》明确描绘了香山寺，碧云寺未收录在其中。香山寺的图像比较完整，除了山门掩映在云雾之中，其他的戒坛、钟鼓楼、牌坊、殿宇、塔、楼阁均具有清晰的图像。

来青轩因视点颇佳，是香山寺旁边重要的观景建筑。按照清代宫廷建筑形制，庑殿顶等级最高，重檐庑殿顶等级更高。全图中仅有来青轩一处为重檐庑殿顶建筑，等级甚至高于勤政殿。因此，来青轩是图中规格最高的建筑，也是观景建筑中的特例。

图卷中的观景建筑，除了来青轩以外，主要为亭、榭、舫、轩。亭子有独立设置的，如翠微亭、多云亭、清音亭、玉乳泉亭等，有的建于水边，以观赏水景、瀑布为主；有的位于峰顶，以俯瞰山景为主；有的亭子建于建筑群中，尤其是合院的一侧，具有休憩的功能。亭子样式多为四边攒尖顶，也有六边、八边的攒尖亭，图中的多云亭是唯一一座高两层的八边重檐亭。

舫是模仿江南画舫造型的建筑。图中的绿云舫为仿照避暑山庄云帆月舫而建，主楼高两层，前面出廊。榭四面通透，往往位于山巅转角处观景点，如玉华岫的转角处有一座观景榭，香岩室下方的霞标磴也是典型的观景榭。绚秋林里有一处敞榭，是观赏红叶的佳处。

除了以上建筑外，图中还绘制了大量的值房、库房、门房，这些建筑非常朴素，主要用于生活辅助功能。

二、山石、植被与水体图像

静宜园是山地式园林，占地广，对静宜园的描绘离不开山体环境。《静宜园二十八景图》是全景式的图卷，视点较远，对于太湖石、房山石等人工置峰难以具象描绘，而是采用大量的篇幅和笔墨描绘山势的起伏与走向。图卷中表现的山石形态有横峰、侧岭、山冈、山谷、沟壑、山坡等，其中沟壑往往是各景区的分割线，也是视觉焦点的分割线。作者以融合了文人画意境的笔法描绘山石要素，山石画法较为灵动，除此之外，还擅长使用云雾有节奏地遮挡山体，突出图卷的空间重点。

从图卷中可以看出，作为北方的山体，香山的石材非常丰富，大量的石头肌理裸露于外，洞壑交错，给人以森然嶙峋之感。图中所表现的植被种类不多，以松树为主，还有一部分为枫树。香山的其他植被，如银杏、杏树、桃花、海棠、梨树等，难以从图卷上辨识。

山地式园林，往往缺少大面积的池塘水面。静宜园尤其如此，园内仅有山涧、泉水和瀑布，作为远视点全景式图卷，对于水体的描绘也较为简单。图中可辨识出数道山涧激流，涧水边多为砾石。泉眼在图中有一处，即为玉乳泉。瀑布则位于璎珞岩清音亭前。

第四节 《静宜园二十八景图》的视觉呈现分析

《静宜园二十八景图》为纸本横卷形式，作者将静宜园的景观绘制于长 427 厘米，高 28.7 厘米的画幅中，采用的绘画方法为水墨设色。

从相关文献和现场遗迹可知，静宜园位于香山的东坡，属于山地式园林。二十八景分布于谷壑、山岭、台层之间，相互之间高差很大，同时又受到地形变化和林木的遮挡，无法找到一个角度能够全景式地呈现这二十八个景点。绘者采取了很高的视点，接近于山顶的高度，即从俯瞰的角度，最大限度地呈现二十八景的空间构成和静宜园的全貌。

作者采取了散点透视的方法架构起视觉框架。散点透视是中国画常用的方法，能够将复杂的场景浓缩于横卷图像中。这种方法也同样被前章的《环翠堂园景图》采用。但是与《环翠堂园景图》不同的是，绘者的视点与对象距离非常远，从东向西俯瞰，不仅囊括了主要的景观节点，整个风景看起来也没有大的空间变形。

绘者对二十八景的描绘基本忠于原样，形体比例掌握得比较准确，通过较为写实的手法，客观、细腻地再现了建筑、植被、山石、水体等景观要素的空间构造和表面肌理。除了散点透视以外，绘者还运用了虚实和明暗法加强空间进深效果。比如，近处的物象比较清晰，远方的山峦则被虚无缥缈的云雾笼罩。山石的皴法明显结合了明暗画法，光线从顶部而来，形成较强的三维立体感。萦绕的云雾不仅是虚实的手法，同时也分割了画面空间，提升了画面的节奏感，并形成了玉华岫、丽瞩楼、勤政殿、香岩室、香山寺、来青轩、栖云楼等几个明显的景观视觉中心。

绘者的笔法并非是严格的工笔山水画法，而是笔法灵动，带有较强的水墨趣味。这一点与其他宫廷绘画，如《圆明园四十景图》等有很大不同。这既有可能是因为绘者本身的绘画风格使然，同时也反映了清廷宫廷园林绘画的多样性。

第六章　离宫御苑的图像巨作—《圆明园四十景图》

第一节　《圆明园四十景图》概况

　　圆明园是清代皇家御园、离宫御苑之一，位于北京西北郊，始建于康熙四十六年（1707），最早是康熙皇帝赐给其第四个儿子胤禛的赐园。胤禛（雍正皇帝）即位后，对圆明园开始了大规模扩建，并开始在圆明园园居理政，圆明园因此成为紫禁城以外的第二处全国政治中心。乾隆即位后，继续扩建圆明园的景观，至乾隆九年（1744），基本完成了圆明园景观的建设。圆明园面积广阔，占地五千余亩，是雍正、乾隆皇帝日常休闲、游览和居住的场所，同时也是其处理政务、接见臣僚、会见外国使节、举行宗教祭祀仪式的场所。[1]

　　《圆明园四十景图》为乾隆年间宫廷画师唐岱、沈源奉诏所作，乾隆九年完成，是以圆明园的四十个景点为主题的绢本彩绘，每景一图，共有四十张图。各图画面横 64 厘米，高 65 厘米，均附有乾隆所作、汪由敦所书的《四十景题诗》，诗、图合称《圆明园四十景图咏》。《圆明园四十景图》以工笔写实的手法，描绘了圆明园四十个典型景点的格局风貌，细致地再现了乾隆时期圆明园的山石、建筑、水体、植被的基本状态。

第二节　《圆明园四十景图》的图像描述

　　第一景为"正大光明"，展示了正大光明建筑群及其后面的山体与湖面。正大光明位于圆明园南部，是皇帝理政、举办朝会和各类仪式、清廷中央机关工作的场所。图中建筑群占据了画面中线以下的部分，建筑格局呈明显的中轴对称布局。轴线为左下至右上方延伸的石砌甬道，沿轴线自前向后分布着拱桥、出入贤良门、正大光明殿，甬道两侧基本对称分布配殿和朝房。正大光明殿是图中体量最大的建筑，位于甬道轴线的末端，是最靠近画心位置的大殿。作为圆明园中的正殿，正大光明殿建筑基座最高，前有三条陛道，面阔七间，单檐歇山卷篷顶，四周围廊，柱间隔扇门的裙板与柱子均为大红色，殿前左右各布置一座相对的配殿。配殿面阔五间，悬山卷篷顶，前出廊。配殿后面均有合院式建筑群，由体量较小、面阔三间的卷篷顶建筑构成。院落由院墙分隔，中间开辟有便门（图 6-2-1）。

　　位于甬道中间的为一座门殿，称为"出入贤良门"或者"二宫门"，卷篷灰瓦歇山顶，基座高度低于正大光明殿，面阔五间，中间三间为朱红色隔扇门，两边为槛窗。其左右各配置一间配殿，面阔五间，中间一间为隔扇门，两侧四间为槛窗，卷篷悬山顶造型，基座低于门殿。殿后为虎皮墙，两边各开辟有一座便门。便门为朱红色，前有檐柱，上有卷篷屋顶。

　　门殿前为月形筒子河，以条石砌成驳岸，岸边架设有朱红色栏杆。河上架石拱桥，侧边另有便桥，应为对称布局。画面左下方为内朝房，面阔五间，灰瓦卷篷顶。内朝房为左右对称布置，右边的朝房被树木所遮挡，仅仅显示出山墙。

---

[1]《圆明园百景图志》，第 48 页。

图 6-2-1 （清）《圆明园四十景图》—《正大光明》

　　建筑群后为寿山和前湖。寿山为正大光明殿左后方的山体，为人工堆土而成，有山道进山，种有桃树、梅树等。正大光明殿后为数座石峰和松树，石峰高出殿顶很多，其后面为前湖湖面。殿右面伸出一条爬山廊，与洞明堂小院相连。①

　　第二景为"勤政亲贤"，位于正大光明殿以东。画面中央为隆起的山冈，土坡向左下方延伸，山冈后面被湖面所环绕，前面为建筑群，建筑的数量较多，基本呈合院布局，显示这一区域建筑功能与"正大光明"一样，偏向于政务处理。画面左下角有一处小院，院内主建筑为勤政亲贤殿，面阔五间，前出抱厦三间，卷篷歇山勾连搭屋顶，柱间为朱红色裙板隔扇门，为皇帝日常批阅奏章、接见臣僚之处。院门为京城常见的垂花门，门板亦为朱红色（图 6-2-2）。

　　山冈右下方地势平坦，建有大面积的合院，图中显示至少有三路院落。中路院落较宽敞，前后共有三进院落三栋建筑，建筑体量较大，显然是较为重要的建筑。前面一栋称为敞厅"芳碧丛"，面阔五间，灰瓦卷篷歇山屋顶。中间一栋为保合太和殿，面阔七间，中间三间设置隔扇门，两边四间为槛窗，四面出廊，隔扇门前接抱厦三间，卷篷歇山屋顶。后面一栋为两层楼阁，称为"富春楼"，面阔七间，中间一间开隔扇门，两侧六间为槛窗，悬山卷篷屋顶，前面出廊，二层似有通道与保和太和殿相接。右路院落被树木遮挡，仅能看清三栋建筑屋顶。左边一路前后四进院落，有四栋主要建筑。前面一栋为飞云轩，面阔五间，入口在背面，勾连搭卷篷屋顶。与其相

――――――――――
①《圆明园百景图志》，第 2-9 页。

图 6-2-2 （清）《圆明园四十景图》—《勤政亲贤》

对的为四得堂，面阔五间，前出廊，右边接耳房。第三栋为秀木佳荫，造型体量与四得堂相似。最后为生秋庭，面阔三间，主间开隔扇门，两侧次间为槛窗，前出廊，其左前方有一栋厢房。生秋庭后面为湖面，湖面上架有平板折桥。以上三路建筑前面有一排长值房，槛窗下的槛墙与隔扇门裙板均为灰色，其功能为仓库或者仆役居住。中路院落较大，其中保合太和殿前院最大，院中有高大的石峰置石，种植有玉兰、红梅、白梅等观赏性植物，院外种有高大的乔木，院落之间以回廊和墙体相分隔。①

　　第三景为"九州清晏"，位于前湖和后湖之间的洲岛上，与"正大光明"区隔湖相望。图中九州清晏区前后均为湖面，洲岛右下方和左上方各有一座板桥与其他洲岛相通。图中显示，九州清晏区建筑群为左、中、右三路多进合院式布局。中路前后有三栋殿宇，分成两进院落。前面一栋为圆明园殿，面阔五间，卷篷歇山屋顶，前出廊，朱红色立柱，柱间槛窗与隔扇门均为淡青灰色。中间一栋为奉三无私殿，卷篷歇山屋顶，面阔七间，前出廊，立柱为楠木色。后面一栋为九州清晏殿，面阔七间，朱红色立柱，前面出廊，靠后湖一侧伸出抱厦三间，形成勾连搭卷篷布瓦歇山顶。②右路建筑体量较小，称为"天地一家春"，主殿有四座，呈前后轴线排列，两旁含多个小套院，是后妃的寝宫，建筑造型与朝向较为灵活。左路前后有四栋殿宇，分割成四进院落。前面一栋面阔七间，其后面三栋被松树遮挡，形制不明，从宽度推测应为三间至五间，屋顶均为卷篷布瓦悬山顶。西路建筑的左边另有殿宇建筑，但是受到洲岛轮廓影响，数量较少，其中

① 贺艳，吴祥艳：《再现·圆明园——勤政亲贤》，紫禁城，2011 年第 8 期，第 32-49 页。
② 刘畅：《圆明园九州清晏殿早期内檐装修格局特点讨论》，古建园林技术，2002 年第 2 期，第 41-43 页。

一间为七间大殿清辉阁。后湖湖边有一栋建于高台上的敞轩"鸢飞鱼跃"，面阔五间，歇山卷篷顶，非常醒目。各合院以院墙和回廊相分隔，中路的两进院子面积最大，左路院子次之，右路院落面积最小。九州清宴殿除了前院以外，两侧还伸展出跨院。跨院以回廊围合，靠近后湖的一侧回廊墙壁上开辟有各种形状的漏窗（图 6-2-3）。

第四景为"镂月开云"，位于后湖东南角的洲岛上。图中画面中心是被起伏的山冈和水面环绕包围的建筑群。该建筑群为合院布局，院中有一座主殿，两侧为配殿。院落前面有一座大殿，称为"镂月开云殿"。镂月开云殿建于汉白玉须弥座造型的高台基上，以香楠木为主材料，面阔三间，进深一间，四面出廊，中间四扇隔扇门，两侧为槛窗，槛墙为绿色琉璃砖贴面，屋顶为卷篷歇山顶，黄褐色琉璃瓦铺面，宝蓝色琉璃瓦镶边，垂脊脊端有仙人走兽装饰，这种建筑装饰为圆明园中的孤例。殿后有数株巨松，并筑有假山。殿前平地上种植了大量牡丹，因此，镂月开云殿又称为"牡丹台"。院内的主殿为御兰芬殿，面阔五间，卷篷悬山布瓦顶，前出卷篷歇山顶抱厦三间，立柱与隔扇门裙板均为朱红色。主殿两边接耳房，抱厦两边接格子状篱笆墙，墙上种有攀缘性植物。右边的配殿为栖云楼，高两层，面阔三间，四面出廊。左边的配殿为养素书屋。图中山后临湖处露出部分亭身，此亭名为"永春亭"，平面呈六边形，重檐攒尖顶。此图中植物极为丰富，除了巨松与牡丹外，院内画有白玉兰，山冈中画有多株梅花、桃树

图 6-2-3 （清）《圆明园四十景图》—《九州清晏》

图 6-2-4 （清）《圆明园四十景图》—《镂月开云》

和其他乔木（图 6-2-4）。

第五景为"天然图画"。画面背景为连绵起伏的山冈，画面的中心是山冈前方被水体环绕的长条形院落。前面院墙上开辟有不同形状的漏窗，院内种植大量的竹子，因此该院称为"竹子院"。院子前方是大水池，池中筑有两座小岛，岛上种有数株松树，池内有大量的莲叶，池边种有桃树。竹子院院墙连接三栋主要建筑，其中两栋位于院子左侧的湖边位置，呈一前一后排列，主朝向均与湖面垂直。前面一栋为朗吟阁，面阔、进深均三间，外观高三层，卷篷歇山重檐屋顶。朗吟阁前面有一高台敞榭，面阔三间、进深一间，卷篷歇山顶，三面通透，台基上围合栏杆，前面有蹬道与地面相接。朗吟阁后面为面湖的楼阁，面阔五间，外观三层，重檐歇山顶，一层和二层均四面出廊。竹子院前方院墙中间的外侧建有一栋大殿，名为"竹深荷静殿"，该殿面阔五间，前出抱厦三间，四面出廊，面朝前方水池的中岛，是一处欣赏荷花的场所（图 6-2-5）。

第六景为"碧桐书院"，位于后湖东北的洲岛上。图像的中心为碧桐书院建筑群，四周被山冈和水体环绕。书院后面的山体较高，山势连绵起伏，画面中书院左后方的山岭最高，在叠嶂之中一条瀑布倾泻而下，注入书院左边的水潭中。书院建筑群有明显的中路轴线，但是其左右两侧不对称，显示出灵活的布局安排。中路前后有四栋建筑，最前面为五间门屋，其后面为三间前屋，第三栋为五间正屋，第四栋为五间后屋，均为南北朝

图 6-2-5 （清）《圆明园四十景图》—《天然图画》

图 6-2-6 （清）《圆明园四十景图》—《碧桐书院》

向。中路左边有五栋建筑，右边有两栋建筑，基本为面阔三开间。除了正屋为朱红色立柱外，其他建筑均为青灰色立柱，所有建筑均为卷篷悬山和硬山屋顶。正屋与后屋之间的院落中有红色的藤架，院内外种植有梧桐、桃树。建筑群前面的山冈很低，门屋左下方有一条小径通向岸边，沿小径可到板桥（图6-2-6）。

第七景为"慈云普护"，位于后湖北的洲岛上，是具有宗教功能的场所。图中心为一处"U"字形水湾，水湾的后方与右方均为山冈坡地。图中有七栋建筑物，最醒目的为一栋三层高的钟楼，石砌台基，平面呈六边形，每层均有屋檐，顶部为攒尖形，正中间的尖顶上铸有金鸡，正面的二层镶嵌有巨大的钟。钟楼右边临水的建筑为慈云普护楼，高两层，面阔三间，卷篷悬山顶，临水部分有两层出廊，与水边游廊相连。画面前方有一栋较大的屋宇，称为"欢喜佛场"，面阔三间，前面出廊，勾连搭卷篷屋顶，屋前有藤架，置石围合成两块花坛，藤架上缠满了蔓藤植物，花坛里开满了牡丹等花卉。该屋左前方洲岛向水面凸出，架有一座木板桥，右前方临水处有一座黄色四方重檐攒尖亭。画面右方有三栋建筑，相对围合成小院，临水的一栋"龙王殿"被树木遮挡，仅能看到卷篷屋顶和伸出水面的平台，另两间较为朴素。水边一条游廊将慈云普护、龙王庙和欢喜佛场联系起来。欢喜佛场右边的院墙紧贴游廊而建，在墙上开辟有四个苏式漏窗（图6-2-7）。

图6-2-7 （清）《圆明园四十景图》—《慈云普护》

第八景为"上下天光"，亦位于后湖的洲岛上，景观意境模仿洞庭湖和岳阳楼。画面前方为大面积的水面，中间为起伏的山冈，连山之间隐隐透出远处的湖面，一条水道将前后两处水面连接起来，并将连绵的山体分成两大块，左边的山岭较为陡峭，右边的较为平缓。图中建筑物有十一栋，布局较为分散，最主要的建筑为营造在水边的上下天光楼。该楼高两层，面阔三间，进深一间，一层四面环绕回廊，二层柱间没有墙壁与门窗，四面通透，围绕一圈宽大的平台，有内外两圈回栏，屋顶为歇山顶。上下天光楼前面临水处挑出平台，布置有下水码头，两侧伸出平板折桥，向画面两边延伸。左边折桥中间有一处水榭，面阔三间、进深一间，榭顶中间高两边低，中间为硬山顶，两边为歇山顶，平台上环绕朱栏。右边折桥通向一座三间歇山顶水榭，桥中间有一座六边形攒尖亭。上下天光楼后面为进山的通道，错落分布有四座建筑，其中三座建筑面阔三开间，其间以砖墙和栅栏墙围合，一座建筑隐于山冈后，只露出一角。再往后过竹林与松树，有山亭和两座三开间建筑。画面左侧最高的山岭上建有一座高台，台上有一座阁楼（图 6-2-8）。

　　第九景为"杏花春馆"，描绘的为"上下天光"一景过山亭后的风光。在蜿蜒的叠嶂之中，一条"之"字形山道自山顶向山下延伸，通向山冈前面的一片农田。农田中有一处水井，上有井亭，田边种植杏树、柳树。田边分散布置的建筑极为朴素，基本为农舍样式，面阔大多为三开间，硬山卷篷顶，灰黑色槛墙。画面右下方小径边有一座重檐四方小楼，楼顶为攒尖

图 6-2-8　（清）《圆明园四十景图》—《上下天光》

顶，面阔三开间，中间隔扇门，四周围合槛窗。画面下方的溪水上建有一座桥，上桥的蹬道为石砌，两边有石栏杆，但是桥面仅靠一块木板连接（图6-2-9）。

第十景为"坦坦荡荡"，是乾隆观鱼之处。画面中心为一片被水面环绕的平坦地，左侧有起伏的山冈，河流对岸也有连绵的群山轮廓。画面的中

图 6-2-9 （清）《圆明园四十景图》—《杏花春馆》

图 6-2-10 （清）《圆明园四十景图》—《坦坦荡荡》

心为一片鱼池，池中有金色鲤鱼。池壁均为砖砌，池中央为高台，台基上建有一座大殿名曰"光风霁月殿"。该殿面阔五间，卷篷歇山顶，四面出廊，与台基边缘围合成内外两圈栏杆。池塘后面一角高台基上建有一座四方攒尖亭，柱间围绕美人靠。前方水边有三座建筑相连，中间的主屋为素心堂，面阔五间，前后出廊，后接抱厦三间，朱红色立柱与隔扇门；两侧的配房分别为半亩园和澹怀堂，建筑屋顶稍低于素心堂，立柱与隔扇门裙板颜色也变为灰色。配房向鱼池方向伸出游廊，游廊一侧为立柱，另一侧为墙体，墙中间有镂空的花窗，游廊连接池边的知鱼亭、萃景斋和双佳斋。图中知鱼亭位于光风霁月殿右下方，四方攒尖顶，四周出廊，有隔扇门窗围护内部空间。萃景斋和双佳斋建于池边，一右一左，相对而向。萃景斋靠近知鱼亭一侧，四面出廊，歇山顶；双佳斋屋顶为平台，绕以栏杆，可观景（图6-2-10）。

第十一景"茹古涵今"，也是位于后湖西南的洲岛上。图中可以看出，该洲岛中心为平坦地，两边稍有山冈起伏，两侧各有一座平板桥与其他洲岛相连。主建筑群位于中心平坦地上，呈左、中、右三路规整式合院布局。中路前后有两座建筑，形成两处方院，前面一栋为茹古涵今殿，面阔五间，前出廊，中间为四扇隔扇门，两侧为槛窗。后面一栋为两层高的楼阁"韶景轩"，重檐攒尖顶，一层面阔、进深均五间，四面回廊，二层面阔三间，四面伸出平坐栏杆。韶景轩除了前院最大以外，还有两个跨院。右路前后两栋建筑，构成三个小院；左路前后三栋建筑，同样是三个小院。院落之间以隔墙和游廊分隔。前面有两栋长屋，一栋长十四间，另一栋为五间（图6-2-11）。

图6-2-11 （清）《圆明园四十景图》—《茹古涵今》

第十二景为"长春仙馆",位于茹古涵今南侧。图像中三分之二的幅面描绘的为长春仙馆周边的环境。长春仙馆位于三条河流之间的平地上,河上架有三座桥梁,远处的为石砌单拱桥,桥上建有一座水榭,称为"鸣玉溪";左边和右下方均为木板桥。石桥左右两边均有隆起的山冈,左边的山冈层次丰富,山岭最高,山间种植有桃花、松树、梧桐,右边山冈较低,山坡前有两座亭子。画面的视觉焦点集中在主体建筑群上。长春仙馆建筑群建筑物较多,呈规整的合院格局,从右向左共有四路建筑。右一路前后有三进院落,第一进院落从外围围合第二进院落,为半"回"字形格局。主建筑有两栋,均面阔五间,中间一栋为长春仙馆,朱红色立柱,两边配有厢房;后面一栋为绿荫轩。长春仙馆左侧为三间小屋"丽景轩"。右二路前后三栋建筑,形成两个方院,前面一栋面阔五间,中间一栋为三勾连搭卷篷顶的三开间殿宇,后房为三开间卷篷悬山顶。左二路院落最大,前后两栋建筑,两边游廊围合,前面一栋为五开间的含碧堂,后面一栋体量最大,为五开间的林虚佳境殿,前后出廊。左一路同样为前后两栋建筑和游廊围合成院落,前面一栋面阔三间,勾连搭卷篷屋顶,院中和院后各有一座重檐四方攒尖亭(图6-2-12)。

　　第十三景为"万方安和"。画面中心为大面积的水面,一条土堤从左下方向右延伸,然后向右上方转折而去,将水面分成湖面和溪流两种形态。

图6-2-12　(清)《圆明园四十景图》—《长春仙馆》

溪流水口处架设有石拱桥和木板桥，堤上种植有柳树和色叶树种。水边的万方安和轩是画面的焦点所在。从图像上看，万方安和轩平面为"卍"字形，中央为十字殿"四方宁静"，延伸出四个朝向、面阔五间的卷篷歇山顶殿宇，内部总共三十三间房，功能各有不同，屋外均有临水回廊。画面左下角的土堤上有一座重檐四方亭，面阔、进深均三间，图中显示至少三面出抱厦，抱厦正面各有四扇隔扇门，屋顶为歇山顶，其他各面以槛窗和槛墙围护（图6-2-13）。[①]

第十四景为"武陵春色"，模仿桃花源意境而作的景区。画面中大面积的山冈，连绵起伏、层层叠叠，山中种满松树、柳树、桃树，展现无尽的春色。山中一条溪涧横跨而过，在转折处叠石成洞，形成桃花源头的意境。溪涧两岸的山坳中各有一处建筑群。图中靠前的建筑群布局较为规整，整体呈方形，四周围合以长屋，院中两栋建筑均面阔三间。后方的建筑群以院墙、格网栅栏围合成院，最大的建筑面阔五间，其他均为三开间。除了这两组建筑群外，还有一些建筑和亭子分散布置在山道旁或者山坳中（图6-2-14）。

第十五景为"山高水长"，位于圆明园西南角，地势平坦。画面中心显示为大片的草场，是侍卫骑马射箭比武之处。画面右下角建筑物较为集中，其中最为醒目的为山高水长楼。该楼阁高两层，面阔九间，无出廊，

图6-2-13 （清）《圆明园四十景图》一《万方安和》

---

① 端木泓：《圆明园新证——万方安和考》，故宫博物院院刊，2008年第2期，第36-55页。

单檐卷篷歇山顶。山高水长楼面向草场，是观武演礼的场所，其后面有小院，院内有两座三开间的厢房。其他建筑风格朴素，且大多被植物遮挡，应是等级较低的用房。草场边缘处有河流，是整个园林的进水通道；远方山体轮廓起伏，从方位上看应该为北京西北郊的群山（图 6-2-15）。

图 6-2-14　（清）《圆明园四十景图》—《武陵春色》

图 6-2-15　（清）《圆明园四十景图》—《山高水长》

第十六景为"月地云居"，是一处寺庙园林景观。月地云居寺庙建筑群背倚山冈，前临河流，地形平坦，视野开阔。整体布局按照佛寺布局的要求，具有规整严谨的法度。前面为门殿"清静地"，歇山顶，正脊两端吻兽凸出，面阔三间，开有三个拱券门，门殿两侧各有一处便门，均为卷篷歇山顶。门殿后面为一个宽大的方形院落，院内四隅建有钟楼、鼓楼和两座重檐戒坛，院中央是一座大殿"妙证无声"。妙证无声殿平面呈方形，高两层，底层面阔五间，四面出廊，二层面阔三间，四方攒尖宝顶，脊端有吻兽。妙证无声殿后面为月地云居殿，面阔五间，前出抱厦三间。最后面的建筑为莲花法藏楼，高两层，面阔七间，前出廊，两边各有一座配殿。寺庙内的建筑墙壁与立柱全部涂成红色，没有卷篷顶，脊端多吻兽，与其他园内的世俗性建筑有很大的区别。月地云居寺庙建筑群两侧有大片的松林，右前方有一处小别院，建有亭子和屋宇（图6-2-16）。

第十七景为"鸿慈永祜"，又名安佑宫，用于安放牌位、祭祀清朝皇帝祖先，是一座大型寺庙园林。建筑群位于山峦环抱之中，位置幽静隐秘，山中种植有大面积的松林。入山的通道在画面左下角，松林之中可见前后两排共六座牌坊。牌坊右上位置画有三座三拱石拱桥，桥身由汉白玉砌成。再往后为安佑宫入口牌坊，牌坊为七顶四柱三间样式，共有三座牌坊，一座位于桥端，两座相对而建，呈品字形布局。牌坊后为红色的宫墙和宫门，宫门有三个拱状门洞，门柱之间为影壁，两边各有一个小便门，门上的屋檐均为歇山顶。宫门内为前殿，面阔五间，歇山顶，前出廊。前殿后为中院，院内主殿面阔九间，重檐歇山顶，屋顶铺黄色琉璃瓦，脊端

图6-2-16 （清）《圆明园四十景图》—《月地云居》

有螭吻、走兽，前出廊，月台环绕石造栏杆。主殿两边各有一座重檐戒坛和配殿，内外两圈宫墙围合中院。总体来说，宫墙墙壁、建筑立柱均为红色，屋顶铺设黄色琉璃瓦，脊端有吻兽等装饰，外观富丽堂皇，这表明安佑宫建筑形制规格最高。在绿色森林山峦之中，建筑群具有非常醒目的效果（图6-2-17）。

第十八景为"汇芳书院"，是园内重要的书院式建筑群。图像显示，建筑群靠近圆明园宫墙，三面临水，地势平坦。书院总体呈院落式布局，规整型院落三处，环状院落一处。书院的中间与左边跨院为方形院落。中路前后三栋建筑。前面一栋为门屋，面阔五间、中间三间为穿堂，卷篷悬山屋顶；中间一栋为抒藻轩，面阔五间、后接抱厦，卷篷勾连搭屋顶；后面一栋为涵远斋，面阔七间，卷篷悬山屋顶。左边跨院以回廊围合，主体建筑为面水而建的翠照轩，与中院之间以格网篱笆墙分隔空间。右跨院为环形院落，主体建筑为竹深荷静楼、倬云楼和眉月轩。竹深荷静楼高两层，单檐顶，长十五间，前端与倬云楼呈"丁"字形连接。倬云楼面水而建，高两层，面阔三间，前出廊，歇山卷篷顶。眉月轩平面呈月牙形，面阔九间，屋顶为平台可观水景，两边伸出环形游廊与倬云楼和竹深荷静楼相接。水边有两座亭子，近处的为挹秀亭，重檐四方攒尖顶，与面阔三间的随安室相通；远处的为秀云亭，通过游廊与右边跨院相连。书院之中种有梨树、梧桐、竹子，水边有柳树和桃树。总体来说，汇芳书院三面环水，环境自然

图6-2-17　（清）《圆明园四十景图》—《鸿慈永祜》

清幽，建筑造型较为朴素，布局也较为灵活，充分利用了周围的水景（图6-2-18）。

第十九景为"日天琳宇"。图像中大幅画面展示了连绵起伏的山峦翠嶂、郁郁葱葱的树林和萦绕的河渠溪流。画面中下部的山坳之中为日天琳

图 6-2-18　（清）《圆明园四十景图》—《汇芳书院》

图 6-2-19　（清）《圆明园四十景图》—《日天琳宇》

宇建筑群，建筑较为集中，形成三路院落式格局。右路为瑞应宫，前后三栋建筑、两进院落。三栋建筑分别为仁应殿、和感殿和晏安殿，仁应殿面阔五间、卷篷歇山顶，和感殿面阔三间，晏安殿面阔五间、卷篷悬山顶。仁应殿前院两隅立有两个高桅杆。中路前后三栋建筑立于一个院落中，前后两栋面阔五间，中间一栋面阔七间，均为卷篷悬山顶。左路建筑体量较大，为日天琳宇的核心建筑组团。左路前后两栋楼阁，图像中显示前楼面阔为十三间，后楼面阔十一间，两楼均高两层，前楼左起第三间向前突出两层高的抱厦一间，右起第四间伸出平台廊，前后楼之间由穿堂楼道连接（图6-2-19）。

第二十景为"澹泊宁静"，位于后湖以北。画面描绘了一派田园风光。近景为坡地、树丛和水面，远景为连绵的山体。水面上有一条横向的土堤，堤上种有花木，建有四座建筑。体量最大、最醒目的为澹泊宁静殿，该殿为皇帝举行犁田仪式的地方，平面呈田字形，十字脊屋顶，各面均面阔七间，四面出廊。左侧有一座面阔三间的小屋，右侧有两栋平顶建筑，体量均较小。建筑之间种有桃树和绿色乔木，空地上搭建有藤架，不远处还有犁田地（图6-2-20）。

第二十一景为"映水兰香"。画面展示为一片农业景观。图像左侧为隆

图6-2-20　（清）《圆明园四十景图》一《澹泊宁静》

起的山脉，右下方为农田和水面。农田与山冈之间的平地上，栽种有巨大的松树和竹林，松林间透出建筑的一角。建筑物布局较为随意，风格朴素，主体建筑多稼轩面阔七间，右边伸出抱厦一间，建筑前有院墙围合成小院。前方有一栋两层小楼"观稼轩"，面阔三间，前出廊，面朝农田，两层三面通透无槛窗。岸边零散分布一些建筑，均为农舍的形态（图6-2-21）。

　　第二十二景为"水木明瑟"。画面左方为层层山峦，右方有一大片农田，农田两边各有一条水渠，渠水汇入前方的河流之中。在山、田、河之间，分布有两组建筑。中心组群包括钓鱼矶亭、印月池殿和丰乐轩。丰乐轩建于水池边，面阔三间，卷篷悬山顶，前出廊，山墙上有花窗；丰乐轩前有小院，栽种有茶花，右边有顺河岸而建的游廊，游廊一端接印月池殿，一端接钓鱼矶亭。印月池殿建于河渠台基上，面阔三间，前出廊，殿前种有桃树、玉兰；钓鱼矶亭为建于高台基上的四方亭，柱间以槛窗围合，歇山顶。印月池殿右上方，有两座房屋，前面的为知耕织，面阔三间，后面的为濯鳞沼，面阔五间。濯鳞沼前有小院，以游廊和栅栏围合。右边有一栋被树木遮挡一半的建筑，称为"水木明瑟堂"，建筑立于沟渠之上，面阔三间，前出廊，堂内引西洋水法转动风扇，供使用者降温避暑。稻田右上角的沟渠上建有一座两层高的重檐四方阁，面阔三间，底层四面出廊，二层

图6-2-21　（清）《圆明园四十景图》—《映水兰香》

为六边形，亭顶为攒尖顶。此阁后改为文渊阁，收藏有《四库全书》《古今图书集成》（图6-2-22）。

第二十三景为"濂溪乐处"。图像中心是一座水体环抱的洲岛，洲岛一半为坡地，一半为平坦地。溪流外侧有山体围合，画面右下方有出水口，形成山绕水、水绕岛的景观格局。濂溪乐处建筑群位于洲岛前部的平坦地上，主殿面阔七间，卷篷歇山顶，前后均挑出抱厦五间。后殿为知过堂，面阔七间，其左边有一座四方攒尖顶的积秀亭，其间通过游廊相连接。主殿左边有一座耳房，称为"延云殿"。延云殿前为水云居，屋顶为观景平台，绕以朱栏。与水云居相对的为一座水院"芰荷深处"，以水廊围合，水廊前方为主屋，面阔七间，两侧伸出三开间耳房；后面一座三开间歇山顶水阁，与主屋相对。水院右方伸出一座观水亭。水院、水云居和主殿共同围合成前院。洲岛前方有一座水阁，歇山顶，面阔五间，四面通透。图中水院、河流中均画了大量的荷叶，尤其是水廊、水阁前的荷叶密度很大，可见此景以荷花为景观特色，建筑大多临水布置，体现了观赏荷花的游憩型功能（图6-2-23）。

第二十四景为"多稼如云"，描画了圆明园北部的山野农田景色。画中横向走势的山冈前后均为水面，一条土堤将前方的水面分成池塘和河流两部分，土堤围合的部分种满了荷花，堤岸边种有柳树等植物，土堤上建有一座单孔石拱桥。建筑集中在画面右部荷花池前，前屋名为"芰荷香"，面阔三间，歇山顶，四面出廊，面向荷花池而建。主屋"多稼如云"位于前屋后

图6-2-22　（清）《圆明园四十景图》一《水木明瑟》

面，面阔五间，右边有耳房，"L"形回廊与前屋、主屋构成院落。主屋左后方另有一座回廊方院，临水而建，院内有两栋建筑。画面左下角梧桐树下另有一栋三开间悬山顶的屋宇，屋宇后有一条石梁横跨溪流（图6-2-24）。

图 6-2-23　（清）《圆明园四十景图》—《濂溪乐处》

图 6-2-24　（清）《圆明园四十景图》—《多稼如云》

第二十五景为"鱼跃鸢飞"，是一处靠近宫墙的养鱼观鱼场所。画面上半部为云雾、天空和远处的群山，主体景物安排在画面下半部，一条横向的河流将其分成两部分。河流前方的主体建筑为鱼跃鸢飞楼，楼高两层，重檐四方攒尖顶，底层面阔、进深均五间，二层面阔、进深三间，均四面出廊。楼前有三开间厢房畅观轩，左前方为溪山殿，围合成方院，院内有置石石峰和花木，前方为圆明园的内宫墙。河流后面为农田和山冈，山冈之间的凹地中建有农舍群，农舍后为圆明园的外宫墙。最右边有一座城楼，为圆明园的北入口（图6-2-25）。

图 6-2-25　（清)《圆明园四十景图》—《鱼跃鸢飞》

图 6-2-26　（清)《圆明园四十景图》—《北远山村》

第二十六景为"北远山村"，位于圆明园北"鱼跃鸢飞"以东。画中有大面积的农田和树林，远处山冈起伏，在树木之中隐约可见一条横向的河流与园内水系相通。建筑物形象集中在画面中部偏下河边的位置。左边为寺庙，应为祭祀水神、雨神之处。其他建筑均为民舍的式样，错落排列于河边，面阔不超过三开间，悬山顶，暖褐色的窗棂。建筑形象朴素，画面有牧笛渔歌之意境（图6-2-26）。

　　第二十七景为"西峰秀色"。画面中两山之间，流出涔涔清泉，汇成瀑布"小匡庐"，溪涧环绕中心洲岛，洲岛前方为隆起的石冈和土冈，主建筑群即坐落于冈坡后面的平地上。此处建筑较为密集，呈规整合院格局。最左边滨岸上为一座"西峰秀色"敞厅，面阔三间，歇山顶，面朝溪流，正是观赏"小匡庐"瀑布和西面山峰的绝佳地点。最靠近敞厅的为含韵斋小院，该院由回廊围合，主体建筑含韵斋面阔五间，前后出抱厦各五间，三卷篷勾连搭屋顶。含韵斋右边为一堂和气屋和自得轩，均面阔三间，自得轩三面隔出抱厦一间。各院以院墙、栅栏墙分隔，院中种植有玉兰、枫树等花木。此景之中，小匡庐和中岛长青洲成为观赏的焦点，小匡庐中有多座置石，是影响瀑布落水形态的重要因素，也是观赏的重要对象。长青洲上有密布的青松，岛上有大量的置石石峰，形态各异（图6-2-27）。

图6-2-27　（清）《圆明园四十景图》—《西峰秀色》

第二十八景为"四宜书屋"。根据该图的题咏，"四宜"的解释为"春宜花、夏宜风、秋宜月、冬宜雪"，实为此景区四季观赏和品味的对象。图中显示，书屋背倚高冈、前临溪流、山坞环绕，环境隐蔽而且幽静。主建筑四宜书屋高两层，歇山卷篷顶，前后出廊，面阔进深均三间，屋后有大片的松林，屋前较为空旷。其他建筑均为一层、面阔三间悬山顶。左侧水边有一座水阁，前出抱厦，三面出廊。书屋的入口位于右下方船舶停靠处，前方有木板拱桥与其他洲岛相通（图6-2-28）。

　　第二十九景为"方壶胜境"，位于福海的港湾处。福海是圆明园中三大湖面之一，位于圆明园东部，面积广阔、视野开阔。方壶胜境是圆明园中较为重要的寺庙建筑群。图中，方壶胜境恰巧位于水面的中间，两边与岸矶相连，将水体分成前后两部分。总体来说，建筑群按照寺院格局布置，中轴对称，法度严谨。前部的中心建筑为方壶胜境殿，建于水边的汉白玉高台上，面阔五间，四面出廊，重檐歇山顶，正脊脊端有吻兽。方壶胜境殿两边各有一座配殿，分别为锦绮楼与翡翠楼，均为单檐歇山顶，外观为两层。前方有三座巨亭深入湖心，中间的迎熏亭为四方重檐攒尖顶，建于水中的汉白玉高台基上，月台四角铸有四头铜兽；两边的为凝祥亭和集瑞亭，均为重檐十字脊屋顶，底层各面出抱厦一间，各抱厦均为歇山顶，

图6-2-28　（清）《圆明园四十景图》—《四宜书屋》

造型玲珑剔透、富丽堂皇。方壶胜境殿后面为高台，台上建有两排六座建筑。前排中间的主殿为哕鸾殿，高两层，面阔五间，四面出廊。两边的配殿高两层，殿顶铺黄琉璃瓦、绿色镶边，面阔三间，四面出廊。后排中间主殿为琼华楼，形制与哕鸾殿相同，不同之处在于哕鸾殿殿顶全铺黄色琉璃瓦，而琼华楼殿顶为蓝色琉璃瓦镶边。后排两侧配殿与前排配殿形制相通，殿顶改为绿色琉璃瓦、黄色镶边。六座殿宇之间以游廊相连接。右边另有一处别院蕊珠宫，合院布局，主殿面阔五间，两边各有两座配殿和跨院，是园内的寝宫之一。方壶胜境之后另有建筑群"天宇空明"与其隔水相对，呈合院布局，左右基本对称。

　　方壶胜境两边以岸矶连接山冈，左边山脉近山脚之处有一座单孔石拱桥"涌金桥"，过桥为一座三开间敞榭，立于岸边，直面迎熏亭。其后有长廊沿滨岸连接四处亭子和一座屋宇（图 6-2-29）。

　　第三十景"澡身浴德"，位于福海西岸。画面中右下部为湖面，滨岸线自左下方向右上角延伸，岸边山冈起伏，岸边空地分布着三处建筑。左下角临湖的为澄虚榭，建于石砌高台上，主屋面阔三间，面朝湖面，两边各有一座厢房，以游廊连接。主屋前有一座平台，围以朱栏，前面开口可下台阶登船。滨岸中部石砌高台上建有一座敞厅"溪山罨画"，歇山卷篷顶，

图 6-2-29　（清）《圆明园四十景图》—《方壶胜境》

面阔三间，是观赏福海之景的地方。滨岸右上角为望瀛洲亭，单檐四方攒尖亭顶，该亭与曲廊连接，沿廊通向后方的三座屋宇（图 6-2-30）。

第三十一景"平湖秋月"，亦位于福海边。画面下半部为湖面，岸上丘陵起伏，两条溪涧一左一右自山背流入福海。左边的水口跨有木板平

图 6-2-30　（清）《圆明园四十景图》—《澡身浴德》

图 6-2-31　（清）《圆明园四十景图》—《平湖秋月》

桥，右边的水口架有石拱桥。画面左部山前水边的空地上，坐落着平湖秋月建筑群。主殿平湖秋月殿面阔三间，卷篷歇山顶，四面出廊，前有敞榭七间，围合成方院。主殿右边有两栋建筑，均面阔三间，以院墙围合成前院。左后方水边有一座临水四方亭，与主殿之间通过折廊相连。右边的山崖下建有一座高台，台上为重檐四方亭。岸边多种花木与常绿乔木，主殿后有大片的竹林（图6-2-31）。

第三十二景"蓬岛瑶台"，位于福海中央。画面以水面为背景，以细腻的笔法刻画出了湖面波光粼粼的水波感。画面中部偏下的位置画有三座湖心岛，岛距离较近，其间架有折桥相通。中岛较大，岛上建有一座回院。画面中入口门殿镜中阁位于前方，面阔三间，屋顶中央有一座歇山顶小阁楼，两边各有五开间的耳房，临水面出廊，主入口前汉白玉台阶深入水面。院内正殿为蓬岛瑶台殿，面阔七间、前出抱厦五间，勾连搭卷篷悬山屋顶，琉璃瓦铺屋面。院内有两座配殿，左边的为神舟三岛平台殿，屋顶可做观景平台，右边为两层高三开间的畅襟楼。右边岛上种有垂柳，岛中建有一座瀛海仙山六方亭。左后方的小岛上建有回院和仓房（图6-2-32）。

第三十三景"接秀山房"，位于福海东南岸。图中滨岸和岗地位于画面右下部，沿岸的空地上分布有两处建筑群和数座单独的建筑。滨岸右上段有两座临湖建筑，一座为重檐四方亭，另一座为三开间面朝湖面的屋宇，前接抱厦，月台挑出滨岸形成观景平台，两者之间以架设于水面上的走廊相连。滨岸中部为一座水榭，侧壁开有月洞门，前面以朱栏围合。滨岸下

图6-2-32 （清）《圆明园四十景图》—《蓬岛瑶台》

段有三座建筑围合的小院，一座三开间前接抱厦一间，侧边接一座耳房，山墙边立有半廊；一座为临水的平台殿；另一座为三开间的屋宇。左下方水口处建有一座六边攒尖亭。岸边植有松树、梅花和枫树。左上角画有岛屿一角，岛上种有柳树（图6-2-33）。

第三十四景"别有洞天"，位于福海东南岸。此画采用了雪景画法，屋顶堆满白雪。画面上部大面积留白，给人以湖面空旷之感。一条溪涧从右方自湖面引入，向左转一直流入城关水门。溪流前后岸均有起伏的山地，

图6-2-33　（清）《圆明园四十景图》—《接秀山房》

图6-2-34　（清）《圆明园四十景图》—《别有洞天》

建筑集中在岸边的空地上。别有洞天殿位于后岸边，面阔五间，前出廊，左侧有长廊连接三开间的屋宇，右侧有耳房，在河湾转角处形成小院，前面开有月洞门。前岸建筑基本为面阔三间，沿河岸和道路排列。较为醒目的为一座面水的平台殿，面阔三间，四面出廊，屋顶围以朱栏，并建有一座四方小亭（图6-2-34）。

　　第三十五景"夹镜鸣琴"位于福海南岸。画家以大面积空白表示空旷的湖面。画面右下角有高高凸起的山崖，山崖上建有一座寺庙广育宫。庙墙为红色，墙顶有琉璃瓦屋檐，墙内可见到黄色琉璃瓦铺设的歇山屋顶。山崖的石缝中生长出几株青松。山下为内河河道和河口，河口水面上建有石桥，石桥下为方形水门，桥上建有夹镜鸣琴亭。该亭为重檐四方攒尖顶，视线通透、视野极佳。画面下部的河边滨岸上建有两座建筑。石桥左边小岛的山冈后可隐约见到亭子一角（图6-2-35）。

　　第三十六景为福海东岸的"涵虚朗鉴"。画面采取自南向北俯瞰的角度，沿湖外围是连绵的山冈，滨岸建有三处建筑群。左下方为两栋建筑，一栋朝南、高两层，一栋面湖朝西，面阔三间，前出抱厦，勾连搭卷篷悬山顶。其右上方湖边有两栋建筑，一栋面湖、山墙出抱厦，一栋为重檐四方阁，底层四面出廊，两者之间以平台相连，平台临湖一侧绕以朱栏，靠山体的一侧建有墙体，墙上开有形态各异的漏窗。重檐阁右上方有两栋屋宇，造型较为平常。滨岸线在此处向左上方伸展，过溪流有四栋建筑背山面湖，其中两栋为两层楼阁，均面阔五间，前出廊；另两栋面阔三间，一栋前出抱厦三间。湖中画有芦苇丛，屋后有竹林，岸边有梅花，植物种类较

图6-2-35　（清）《圆明园四十景图》—《夹镜鸣琴》

为丰富（图6-2-36）。

　　第三十七景"廓然大公"，位于福海西北岸。画面右下角为福海湖面，岸上山势起伏，山冈之间有平坦的农田和池塘。池塘前面有一组合院建筑，前为双鹤斋，面阔五间，前出廊接抱厦五间，勾连搭卷篷悬山顶；后面为廓然大公殿，亦面阔五间，面向池塘接抱厦，两边有回廊与双鹤斋围合中心庭院。右方有一面阔三间的屋宇，以院墙围合形成跨院。池塘后面的空地上分

图6-2-36　（清）《圆明园四十景图》—《涵虚朗鉴》

图6-2-37　（清）《圆明园四十景图》—《廓然大公》

布有平台殿、游廊、楼宇。池后一座山冈高高隆起，坡上以垒石、条石叠成石峰，峰顶建有启秀亭。画面下方画有山高先得月亭，该亭位于湖边山坡上的石砌台基上，造型为四方单檐攒尖顶。湖边还有临湖楼，高两层，背山面湖，前出廊，楼前种有桃树，一侧建有两座屋宇。画面左下方有一片竹林，以栅栏围合，竹林前有两座建筑，建筑风格较为朴素（图6-2-37）。

第三十八景"坐石临流"，位于后湖东北。此景图视点较远，刻画的范围包括坐石临流和舍卫城外中轴线两侧的建筑景观。画面前方，左侧为湖面，一条中心大道自湖边从左下向右上方延伸，直至城关门楼。大道两侧建筑密集，包括值房、同乐园、抱朴草堂等。从图中可看出，大道两侧为面街的铺面房，两层楼阁较多，且临街一面多有出廊。右下方的建筑形成回院格局，是圆明园中最大的戏院——同乐园。同乐园内建筑多为两层，前后主楼面阔五间，园内清音阁为著名的戏台。在主建筑群左上部有一条溪涧，溪涧两侧怪石林立，水中有一座重檐歇山顶三开间的大亭，称为"坐石临流亭"（图6-2-38）。

第三十九景"曲院风荷"，名称与杭州西湖十景之一同名，在题咏中也明确指出此景为模仿西湖而作。画面中心为巨大的池塘，池边以土堤萦绕，形成沟渠、河湾、池沼多种水体形态。池中为一条横跨左右的石拱桥"金鳌玉蝀桥"，桥面拱起，两边筑有汉白玉栏杆，桥下有九个拱洞，是四十景图中最长、最大的一座桥。桥两端入口各有一座牌坊，均为四柱三间形制。右边牌坊紧邻饮练长虹亭，该亭高两层，底层为四方形，上层为圆形，亭顶为攒尖顶。主建筑群位于池塘后面的平地上。主殿为曲院风荷殿，面朝池沼，面阔五间。[①]建筑群前方有一座单檐两层亭，平面四方形，

图 6-2-38　（清）《圆明园四十景图》—《坐石临流》

①《圆明园新证：麴院风荷考》。

二层有台阶直通地面，此亭造型在景图中为孤例。池塘岸边桃红柳绿，营造出类似西湖的景观意境（图 6-2-39）。

第四十景为"洞天深处"，位于圆明园东南角，位置隐秘，是皇子读书之处。图像中建筑所占比重较大，两条直路、一条河渠自右上方向左下方延伸，将建筑分成三个集群。右边两个集群为规整的合院布局，分为四处

图 6-2-39　（清）《圆明园四十景图》—《曲院风荷》

图 6-2-40　（清）《圆明园四十景图》—《洞天深处》

较大的合院。右上角小院为宫廷画院如意馆所在。其他为皇子居所，普遍采用门房三间、前殿五间、后殿五间、后罩房十一间的形制，另有厢房、耳房等配房。河渠左岸有一处回院，前殿前垂天贶殿，后殿为中天景物殿，均为五开间、悬山顶、前出廊，通过回廊围合成院。中天景物殿左后方有一座两层重檐大亭，底层为四方形，二层为六边形。中天景物殿后面为溪流，跨溪架有木板桥，对岸有一排建筑。其中的主殿为后天不老殿，面阔五间前出廊，殿后河渠直通园光门（图6-2-40）。

第三节 《圆明园四十景图》图像要素分析

一、建筑图像

　　圆明园作为清朝的离宫御苑，需要满足皇帝的处理政务、接见臣僚、接待使节、宴乐、休闲、游憩、居住、讲武、读书、养性等要求，因此建筑的功能与种类非常丰富。《圆明园四十景图》所描绘的建筑图像类型有殿、堂、厅、轩、楼、阁、屋、馆、斋、房、榭、亭，建筑数量众多，功能明确，且形制等级分明。

　　殿在圆明园中是议事、活动的主要场所，也可作为寝宫使用。图中的殿包括正大光明殿、勤政亲贤殿、保和太和殿、圆明园殿、奉三无私殿、九州清晏殿、镂月开云殿、御兰芬殿、竹深荷静殿、光风霁月殿、茹古涵今殿、林虚佳境殿、澹泊宁静殿、印月池殿、延云殿、溪山殿、平湖秋月殿、蓬岛瑶台殿、神舟三岛平台殿、别有洞天殿、曲院风荷殿、前垂天贶殿、中天景物殿、后天不老殿。其中，正大光明殿是全园的正殿，位于政务区的中轴线上，是接见臣僚与使节、举办重大仪式的场所；勤政亲贤殿是皇帝日常处理政务的场所；奉三无私殿是皇帝举办宗亲宴和祭祀的殿堂；九州清晏殿是皇帝的寝宫。这四所宫殿造型规范大气，面阔五间或七间，背北朝南，建筑规格最高，是圆明园最重要的建筑。在选址方面，正大光明殿、奉三无私殿、九州清晏殿位于宫廷区中轴线上，且处于各自建筑群的中心；勤政亲贤殿主要考虑日常政务和接见臣僚的方便性，位于正大光明殿的侧路，风格较为朴素。

　　其他的殿宇，基本是各个景区建筑群中较为核心的建筑物，在功能上满足帝王政事或者生活活动的需要。一般性的殿宇大部分为五开间，形式中规中矩。有一部分殿宇的形态则是独一无二，反映了圆明园建筑形态的多样化，最具代表性为平面呈田字形的澹泊宁静殿。

　　有些殿宇是门殿和配殿，其建筑等级较低，功能也较为次要，如圆明园殿为九州清晏区的门殿、神舟三岛平台殿为配殿。一些重要的殿宇，像中轴线上的正大光明殿，两侧也布置有配殿。

　　堂在皇家园林中的等级低于殿，主要是作为皇后、嫔妃、皇子等日常生活的场所，一般不具有正式议事的功能。《圆明园四十景图》中的堂包括四得堂、素心堂、半亩园堂、澹怀堂，含碧堂、水木明瑟堂、知过堂等。从图像中看，堂一般面阔五间，往往位于建筑群边路的核心，或者是作为主殿的配房。

图中描绘的屋包括水木明瑟的知耕织、濯鳞沼、水云居、多稼如云屋、芰荷香、一堂和气屋。屋的等级低于堂，选址一般位于园内的稻田、水塘、池沼边，单独配置，或者作为其他建筑的厢房。在形制上一般面阔三间，造型非常朴实。

图中有两处书屋，分别为四宜书屋和镂月开云景区的养素书屋。书屋是供皇帝读书修养的场所，一般配置在风景优美、环境较为幽静之处。养素书屋是作为配房使用；四宜书屋高两层，附属建筑较多，应是皇帝主要的读书之所，也具有藏书的作用。

轩包括飞云轩、鸢飞鱼跃轩、韶景轩、绿荫轩、丽景轩、万方安和轩、抒藻轩、翠照轩、眉月轩、观稼轩、丰乐轩、畅观轩、自得轩。其中，飞云轩与鸢飞鱼跃轩分别位于重要的勤政亲贤和九州清晏景区，飞云轩作为配房，是一处次要的生活性建筑；鸢飞鱼跃轩位于湖边，不在主建筑群内，是一处观景建筑。其他的轩，基本是作为观景建筑，丰乐轩和观稼轩则与农事生产有关系。从位置上看，轩一般位于水边、田边、坡上等景观视野较好的地段，能够欣赏到好的风景。从造型上看，有的轩四面通透，不设墙壁，如鸢飞鱼跃轩；有的轩造型朴素，类似于堂、屋，如绿荫轩、抒藻轩。韶景轩是茹古涵今景区的中心建筑，而且体量高大，高两层，形态类似于楼阁，是等级最高的轩。平面为"卍"字形的万方安和轩是园林中造型最为特殊的轩。

厅的数量较少，仅有芳碧丛厅、西峰秀色厅、溪山罨画厅，这三座厅均为敞厅，四面通透，芳碧丛厅是接待性建筑，西峰秀色厅和溪山罨画厅是观赏水景的建筑。

斋包括萃景斋、双佳斋、涵远斋、含韵斋、双鹤斋。涵远斋为书斋，是汇芳书院的主要建筑。萃景斋与双佳斋具体功能不详，但应与读书、绘画等文人活动有关。含韵斋体量小巧，自成一院。双鹤斋位于廓然大公稻田边，功能与田园生活相关。除双佳斋屋顶为平顶外，其他的斋均为坡顶。

图中的楼包括：勤政亲贤景区的富春楼，镂月开云景区的栖云楼、慈云普护楼、上下天光楼、山高水长楼，汇芳书院的竹深荷静楼、倬云楼，日天琳宇西楼、鱼跃鸢飞楼、蓬岛瑶台的畅襟楼、廓然大公的临湖楼。楼一般为两层，除了竹深荷静楼长十五间以外，大部分楼面阔三间、五间、七间，位于水边、演武场边，具备很好的观景功能。

阁包括九州清晏的清辉阁、天然图画的朗吟阁、蓬岛瑶台的镜中阁、水木明瑟的文渊阁。其中，清辉阁实际为面阔七间的大殿，镜中阁兼有门殿入口的功能。除了清辉阁以外，其他的阁均面阔三间，高两层或者三层。阁一般位于水边，具有很好的观景功能。

各个景区亭数量较多。根据资料可查的亭包括镂月开云景区的永春亭、坦坦荡荡的知鱼亭、汇芳书院的秀云亭、水木明瑟的钓鱼矶亭、濂溪乐处的积秀亭、方壶胜境的迎薰亭、澡身浴德的望瀛洲亭、蓬岛瑶台瀛海仙山六方亭、夹镜鸣琴亭、廓然大公的启秀亭、山高先得月亭、坐石临流亭、曲院风荷的饮练长虹亭，另外还有大量不知名的亭子。亭的位置多选择在水边、桥上、山顶等景观视野较为开阔处，具有良好的观景与休憩功能。图中的亭造型多样，既有重檐亭，也有单檐亭，平面有六边形、四方形、圆形。亭的体量较为敦厚，与江南园林的亭有一定的不同。

图中的水边、桥上有众多的榭，如朗吟阁前的敞榭、鸣玉溪桥和上下天光折桥上的桥榭、平湖秋月的敞榭、澡身浴德的澄虚榭等。榭基本都临水，四面通透，面阔三间、五间或者七间，主要作用是观赏水景。

图中出现了大量的廊。廊有一层，也有两层；有曲廊，也有直廊和折廊。建筑群院落围合主要是通过廊庑完成，因此廊的作用是隔离空间、围合院落、连接相邻的建筑，方便通行。濂溪乐处的水院四周以水廊围合，蓬岛瑶台建筑临水的一侧均有出廊，在提供通行功能的同时还可以观赏水景。

圆明园四十景中，宗教建筑有慈云普护的龙王殿、欢喜佛场、月地云居、安佑宫、日天琳宇的瑞应宫、方壶胜境、广育宫。其中，安佑宫、月地云居、方壶胜境是完整的寺院建筑群，规制严整，殿宇庄严。寺院建筑的规格较高，主要殿宇的屋顶采用了彩色琉璃瓦，且有正脊，脊端有装饰，这与圆明园其他建筑普遍采用的布瓦卷篷顶形成了对比。

从建筑布局来看，月地云居、鸿慈永祜、日天琳宇、方壶胜境是宗教性建筑群，建筑配置按照严格的寺观形制，采取中轴对称的格局。其他的世俗性建筑群中，正大光明、勤政亲贤、九州清晏、镂月开云、碧桐书院、茹古涵今、长春仙馆、武陵春色、汇芳书院、濂溪乐处、西峰秀色、蓬岛瑶台、坐石临流、洞天深处等共计十四个景区的建筑呈合院式配置。其中，正大光明、勤政亲贤、九州清晏、碧桐书院、茹古涵今、长春仙馆、西峰秀色、洞天深处的建筑数量较多，至少呈三路多进格局，其他的基本为一座中院四面围合建筑，在布局上很明显具有北方合院住宅的性质特点。

二、山石、水体与植被图像

圆明园地势较为平坦，为营造园林，挖湖堆山，山体较为低矮。图中的山多为土山，以山体围合成不同的空间，从而形成各个主题景区的背景。从各个景图上的山体看，山势起伏较为平缓但是富于变化，个别地方地势稍陡，形成制高点。山体上基本没有大中型建筑物，个别山岭上有一些景亭。山体对景观视线形成了遮挡，使得整个园林不会一览无余，增加了各个景区的私密性。

图中对于园林置石描绘得非常详细。园林置石一般成组配置，位于桥端、墙边、山脚、岸边、庭院，与植被、院墙等组合，丰富了景观的变化。殿宇背面，如正大光明殿、镂月开云殿后侧，树立有巨大的笋石和假山，形成视线的遮挡。上下天光、杏花春馆的背景山顶、西峰秀色的长青洲上，将石料叠石成峰，形成视线的焦点。溪涧、瀑布边布置景石，可丰富驳岸和水流变化，如小匡庐瀑布水道上、濂溪乐处图像左侧的水口处，布置有大量的分流石和景石，对水体形态起到重要的作用。

图中水体有湖、溪涧、瀑布、池沼等多种形态。湖体主要有前湖、后湖、福海三大块，福海最大，后湖次之。各个景区基本围绕湖面布置，因此湖体成为组织景观的结构性因素。湖体之间有河流溪涧沟通湖面，形成贯穿全园的水系。河道线路萦绕往复、曲折复杂，沿着湖面形成形状不一的洲岛，大部分景区坐落在洲岛上，形成河湖环绕、依山面水的景观背景。图中的瀑布有两处，分别为西峰秀色的小匡庐和碧桐书院瀑布。鱼池有一处，位于光风霁月殿周围。荷花池有两处，分别位于竹深荷静殿前与多稼如云景区。汇芳书院眉月轩前也有一处池沼。总体而言，瀑布较少，极有可能是由于基地地势平坦，水流难以形成高差。而各个景区河湖环绕，基本上均能欣赏到水景，因此也无必要再多挖掘池沼。

图中的植物有荷花、桃树、梅花、松树、玉兰、牡丹、竹子、梧桐、杏树、柳树、梨树等。柳树一般栽种于堤岸上，成排成行种植。水边种植有大量的桃树、梅花、梧桐，形成丰富的季节色彩变化。玉兰多种在庭院中，如保合太和殿四周的院落、镂月开云中庭均种植有多株玉兰。正大光明殿、镂月开云殿后、安佑宫前，以及众多的山坡上，有成排或者散植的巨松。

中国园林景点与建筑往往直接以植物命名，表明这些建筑的功能与欣赏植物有关，图中也印证了这一点。杏花春馆建筑周围多种杏树，武陵春色有大片的桃花林，碧桐书院周围种有多株梧桐树，天然图画的竹子院种满茂竹，竹深荷静殿后赏竹林、前赏荷花，镂月开云四周为牡丹花田，表明了这些区域的植物特色。曲院风荷景区立意于仿照西湖的景观，本应注重赏荷花，但该景图中却并无荷花的元素。

第四节　《圆明园四十景图》的视觉表现分析

《圆明园四十景图》共计有四十张图，每张图描绘一个景区。所选的四十个景区，是圆明园代表性的景区，基本涵盖了圆明园的全貌。作者将四十个景区的景物，采用工笔山水画的手法分别描绘在 64 厘米 ×65 厘米见方的绢底上，画风逼真，用笔细腻，具象地表现了各景区的建筑、植被、山石、水体等要素。

在各个分景图中，作者为了描绘出景区的全貌，基本采用了较高的视点，即我们现在所说的鸟瞰图画法。然而在当时，画师不可能站在如此高的位置进行描画；而采用人视点的话，建筑、植被彼此互相遮挡，势必无法反映出景观全貌。因此，这种高视点的画面获取，必定是作者在极其熟悉景物的造型与空间位置的基础上，在图纸上按照透视法进行的视觉重构，而这种视觉重构是以对景区要素的逼真再现与视觉还原为目标进行的。

分景图每景一图，各图均有明确的视觉中心。视觉中心集中在建筑群或者主体建筑物上，天空、山峦、水体、植被是主体建筑物的背景，起到衬托主体的作用。对于图中各类景物，作者很明显按照近大远小、焦点透视法的规范进行描绘，同时结合以远近虚实的对比，表达出空间的进深感和层次感。

　　图像中所呈现的绘者视点，很明显是位于主体建筑群（物）的南侧。即作者是从南侧按照从南向北的方向进行描绘。图中的建筑形象从南立面、侧立面和屋顶进行表现，而皇家园林建筑，尤其是离宫御苑的主要建筑，是依照背北朝南的方向进行营造，南立面即为正立面，是建筑装饰最为精美的立面。视点的位置决定了对主要建筑群（物）的基本面貌的表达。每张景图均各有一个视点，保证了各景区主体建筑群（物）处于各自画面构图的核心位置。从景观层次上划分的话，主体建筑群（物）恰好处于景域的中景层次，既可以呈现建筑群（物）的全貌，又可以刻画得较为细致。

　　每张景图各有一个主题，形成一个景域单元，各个单元被图幅分隔。画面的视觉焦点非常明确，因而形成向心的图面结构，从中心到外围基本是按照主体建筑物、建筑群、坡地、河流、湖面、山峦的层次逻辑进行建构的。水体、山峦萦绕主体建筑群（物），形成景域的外围界限，同时也作为各个景域单元的过渡空间。

　　绘者笔法细腻，对山石树木、建筑构件描绘细致，各景图内部的空间结构关系分明。但是由于图幅的分隔，分景图之间缺乏视觉的连续性，无法从画面构建出各个景域单元之间的空间关系。原图附有汪由敦书写的乾隆四十景题诗，以及对景图的说明，从文字上提示了各个景区之间的空间关系，并点出了景观营造的意匠，这对于分幅景图的景观呈现是很好的补充。

第七章　《南巡盛典》中的园林名胜图

第一节 《南巡盛典》概况

　　《南巡盛典》由两江总督高晋等人编纂，乾隆三十六年（1771）刊刻，记载了乾隆皇帝1751年、1757年、1762年、1765年四次南巡的情况。全书共一百二十卷，分为恩纶、天章、蠲除、河防、海塘、记典、褒赏、名胜等篇，附有大量的木刻版画插图。其中"名胜"篇由画家上官周等主持绘图，描绘了直隶、山东、江苏、浙江南巡沿线的名山大川、园林名胜、寺庙道观和行宫别墅，共计一百五十五幅图像，采用双页连式，一图两版，图版三百一十幅。[①]

　　《南巡盛典》"名胜"篇所绘制的宫苑寺观与园林名胜，按照地域划分的话，可分为直隶、山东、江南、浙江四部分。其中，直隶部分包含"卢沟桥""涿州行宫""开福寺"等十二幅图像，山东部分包括"德州行宫""泰岳""孔庙""太白楼"等二十三幅图像，江南部分包括"顺河集行宫""陈家庄行宫""惠山""虎丘"等七十幅图像，浙江部分包括"烟雨楼""西湖行宫""虎跑泉"等五十幅图像。

　　按照主题进行分类的话，可分为行宫图像、寺观图像、私家园林图像、名胜图像。行宫图像是以驻跸的行宫为主题的图像，共计二十七幅，位于直隶的有七幅，分别为"涿州行宫""紫泉行宫""赵北口行宫""思贤村行宫""太平庄行宫""红杏园行宫""绛河行宫"；山东的有九幅，为"德州行宫""晏子祠行宫""灵岩行宫""岱顶行宫""四贤祠行宫""古泮池行宫""泉林行宫""万松山行宫""郯子花园行宫"；江南的有九幅，分别为"顺河集行宫""陈家庄行宫""天宁寺行宫""高旻寺行宫""钱家港行宫""苏州府行宫""龙潭行宫""栖霞行宫""江宁行宫"；位于浙江的为"杭州府行宫"和"西湖行宫"两幅图像。

　　寺观图像是以寺院、道观、祠堂为主题的图像，共计二十七幅。其中，位于直隶的有"宏恩寺"和"开福寺"两幅；山东的有"玉皇庙""岱庙""孔庙""孟庙""四女寺"五幅；江南的有"惠济祠""香阜寺""慧因寺""法净寺""莲性寺""狮子林""法螺寺""治平寺""栖霞寺""报恩寺""朝天宫""甘露寺"十二幅；浙江的有"云栖寺""云林寺""昭庆寺""理安寺""宗阳宫""法云寺""大佛寺""镇海塔院"八幅。另外，"晏子祠行宫""四贤祠行宫""天宁寺行宫"和"高旻寺行宫"四幅图像，既是行宫图像，同时也是寺观图像，本书暂归类为行宫图像。

　　私家园林图像共计有十一幅，分别为"倚虹园""净香园""趣园""水竹居""九峰园""锦春园""寄畅园""小有天园""留余山庄""漪园""安澜园"，主要位于江南与浙江范围。其他图像可归类为名胜图像。

　　总体来看，《南巡盛典》中绘制的图像，以名胜类最多，其次为寺观和行宫御苑类，园林类最少。从地域上看，江南最多，浙江、山东其次，直隶最少，图版顺序基本按照南巡路线排列。

---

①《南巡盛典名胜图录》。

第二节 《南巡盛典》中的图像描述

一、直隶境内的图像

　　直隶境内的图像第一幅为"卢沟桥"。卢沟桥为乾隆出京南巡的首站，位于广宁门西南三十里。"卢沟晓月"在金代已经成为当地著名的"燕京八景"之一。卢沟即永定河，金代始建此桥，名为广利桥。图中卢沟桥为十一拱桥，桥身平坦，桥面铺有石板，两边砌有石栏杆。两端桥头均建有御碑亭，右侧永定河岸边建有一座惠济庙（图7-2-1-1）。

　　第二幅为"郊劳台"。郊劳台位于良乡县，是清廷为迎接平定回疆后回京的将士营造的设施。图中郊劳台为圆形的石砌高台，四周筑有石栏，仅留一处出入口。台四周绕以围墙，形成院落，另一端建有御碑亭。御碑亭建于台基上，底层平面为八边形，攒尖亭顶。郊劳台旁边有院落围合的寺院——有庆寺（图7-2-1-2）。

　　第三幅为"宏恩寺"。宏恩寺位于良乡县，周围环境清幽、林木苍翠。寺院坐北朝南，呈两路多进格局。西路轴线上依次为山门、护法殿、弥勒殿、药王殿、大悲阁，四周以回廊围合。各殿均为歇山顶，殿顶有正脊。大悲阁由三座高三层的楼阁组合而成，三重檐屋顶，前出廊。东路轴线上依次为内宫门、二宫门、后殿、玉皇阁。玉皇阁高三层，面阔五间，四面出廊，重檐歇山顶。除了玉皇阁以外，东路其他建筑均为卷篷顶，因此并非寺院原有建筑，而是供皇帝参拜寺院时候使用（图7-2-1-3）。

图 7-2-1-1　（清）《南巡盛典》一《卢沟桥》

图 7-2-1-2 （清）《南巡盛典》—《郊劳台》

图 7-2-1-3 （清）《南巡盛典》—《宏恩寺》

第四幅为"永济桥"。永济桥位于涿州城北,横跨拒(巨)马河,是南北交通要道。原桥始建于明代,因河流改道,桥失其用,乾隆年间敕建新桥,原桥改为十八孔涵洞,作为新桥的引桥。图中永济桥桥身很长,由三段桥体构成。中间的主桥为拱桥,两边的引桥为平桥,桥两端各有一座三开间牌坊。桥南建有延清楼和揽翠楼两座观景建筑,均为两层重檐歇山顶造型,远处城池之后露出一高一低两座塔尖。桥北建有御碑亭、关帝庙和一座恢宏的崇楼。两岸有田地,岸边多榆树、柳树,河中有数艘行船(图7-2-1-4)。

第五幅为"涿州行宫"。涿州行宫位于涿州城南,所在之地原为寺院,乾隆南巡时改为行宫供其驻跸使用。整体建筑群占据了画面大部分面积,布局规整,形成左、中、右三路多进格局。中路是行宫区,前方为宫门,面阔三间,后面是一座二宫门;二宫门后为一座大殿,面阔七间,殿前方院中筑有假山,院角种有两株树木;大殿后为后院,院内有两层高、三开间的重檐楼宇,楼旁有假山,山上建有一座六边攒尖亭。右路为中路的跨院,前方无正门,以侧门与中路院落相通。右路前后有三座建筑,前面两栋均面阔三间,后面一栋面阔五间,应为右路的主殿。左路为寺院建筑,轴线上有四栋建筑。前面为山门,其后为药王殿和弥勒殿,最后为大悲阁。药王殿与弥勒殿均面阔三间、歇山顶,正脊两端有翘起的装饰,两侧伸出隔墙将寺院分割成前后三进院落。大悲阁位于后院的中央,高两层,面阔三间,重檐歇山顶。寺院形制规整、宝相庄严,与行宫设施所体现的休闲游乐性截然不同(图7-2-1-5)。

第六幅"紫泉行宫",也是直隶的第二幅行宫图像,位于新城县(今高碑店市)紫泉河边。画面大部分绘制了紫泉河边的滩涂、草坡和植被,左上方岸边有一处龙潭井。行宫设施位于右侧图版下方,建筑布局与涿州行宫

图7-2-1-4 (清)《南巡盛典》—《永济桥》

类似，呈三路多进规整格局，以廊庑围合成院落。不同之处在于紫泉行宫没有寺院建筑，宫门两侧伸出耳房，行宫内外植被较为丰富，左路的后院种植有竹林。行宫临河而建，岸边建有一座船舫式建筑，通过折桥与对岸相通（图 7-2-1-6）。

图 7-2-1-5　（清）《南巡盛典》—《涿州行宫》

图 7-2-1-6　（清）《南巡盛典》—《紫泉行宫》

第七幅为"赵北口行宫"，描绘了赵北口行宫及其周围景观。赵北口位于任丘县北五十里白洋淀咽喉处，以十一虹桥沟通南北交通。图中大面积的篇幅描绘了汹涌的水流，前方为赵北口行宫，位于十二连桥中的一座岛矶上，四面临水，建筑坐西朝东，呈合院布局。远处隐约可见郭里口行宫和端村行宫。此图视点高远，主要表现了行宫周围的水体环境，建筑表现较为模糊（图7-2-1-7）。

第八幅为"思贤村行宫"。思贤村行宫位于任丘县南十里，相对较为简朴。行宫周围为田园地带，植被茂盛。主体建筑群依旧为三路多进格局，建筑数量不多，由廊庑和院墙隔离形成数座方院。左路前后有两栋三开间的主屋，主屋前有门厅，前后隔成四进院落。中路前后两栋主建筑，均面阔七间，前出廊。右路建筑并非坐北朝南，而是东西朝向，主宫门开在右侧，院内多植树置石。右路后侧为一间广院，应为行宫区的后苑，院内有数座假山，院中有池沼，池上架桥，池边假山上有两座景亭。植物种类丰富，有竹林、柳树、松树等（图7-2-1-8）。

第九幅为"太平庄行宫"。太平庄行宫位于河间县南。宫区规模较大，前为行宫区，后为苑林区。行宫区坐北朝南，呈四路多进合院格局，以廊庑、院墙分隔各院。主入口为垂花门样式，两侧伸出三开间耳房，耳房一侧延伸出八字墙。宫门前有一座六边攒尖顶御碑亭。主入口后为方院，侧边开门，可通向东二路建筑。左一路前后有两进主院，主院两侧为廊庑，中轴线上建有两栋三开间的主殿；主院前有三座小方院，各院均有建筑，应为值房一类的辅助性设施。左二路前后有两栋三开间的大殿，以廊庑围合，分隔成三进院落。右二路前有垂花门，中央为五开间的殿宇，后面为七开间殿宇，前后三进院落。右一路前后三栋建筑，前殿面阔三间，中

图 7-2-1-7 （清）《南巡盛典》—《赵北口行宫》

殿与后殿均面阔五间。左二路中院有置石假山和竹林。行宫区后面为苑林区，以池沼和假山形成山水骨架，广植树木，池边建有三开间的水阁和六边形的攒尖亭（图 7-2-1-9）。

第十幅为"红杏园行宫"。红杏园行宫位于沧州献县，原为日华宫

图 7-2-1-8 （清）《南巡盛典》—《思贤村行宫》

图 7-2-1-9 （清）《南巡盛典》—《太平庄行宫》

所在。"红杏园行宫"一图中，行宫区位于画面中央，布局上没有采用清廷行宫建筑群一贯使用的前宫后苑、多路多进合院格局，而是采取了宫苑混置的布局手法。整个区域可分为前中后三区，前区与后区均为建筑区，中区为苑林区。前区有两进院落。宫门位于前面，面阔三间，门后为方院，开辟有两门，分别通往侧院和第二进院落。第二进院落被隔墙分成左右五个方院，中间两个院子和左侧院子最小，应为交通衔接或者过渡空间。第二进有两栋主殿，右边的为五开间，左边的为三开间。中区以池沼为主体，池边有游廊、水亭和水榭，榭亭之间建有曲桥相连。后区有一座主院、两座边院，主院前后各有一栋殿宇，均面阔七间，其中一间与水榭相接，屋顶作勾连搭式。右侧边院前后有两栋三开间建筑，左侧边院面积较小，仅沿墙建有边廊。行宫内外植被丰富，池边多柳树，墙外多红杏（图7-2-1-10）。

第十一幅为"绛河行宫"。绛河行宫也采取了宫苑混置的格局，苑林区的面积比例较大，将行宫区分隔成前后两区。前区为三路多进格局，左路与中路均有三进方院，右路为两进院落。左路前后有一栋门厅、两栋主屋。中路自前往后依次为宫门、二门、三门、大殿。右路前院无建筑，后院与苑林区相连。苑林区被廊庑分成左、右两部分，右部分面积较大。引绛河水入园形成巨大的池沼，池边筑有多处假山，池中岛矶上建有两层水阁，水阁一边以折桥通向对岸，另一边伸出两层水廊；水廊一层两边砌有墙体，墙上开花窗，二层为观景平台，砌有围护栏杆。苑林区左部分挖有池沼，池边筑有湖石假山，形成山水骨架，假山下圈以篱笆墙，池上架有石板平桥。苑林区之后有另一处行宫区，布局分左右两路。入口大门开在左路，中殿为五开间，后殿为七开间；右路前殿为三开间，后殿为五开间，各

图7-2-1-10　（清）《南巡盛典》—《红杏园行宫》

殿两侧伸出隔墙，分割成前后两进共四个小院。绛河行宫内筑有巨大的湖石假山，植被丰富，充分利用了周围的风景资源，通过引水入园达到了内外景观交融。行宫建筑并未集中在一起，而是分散成前后两区，最大限度地利用了苑林区的景观资源（图7-2-1-11）。

第十二幅为"开福寺"。开福寺位于景州治所西北，始建于明朝。图中

图7-2-1-11　（清）《南巡盛典》一《绛河行宫》

图7-2-1-12　（清）《南巡盛典》一《开福寺》

寺院周围环境树木繁盛，格局为前塔后殿。山门后为天王殿，天王殿两侧延伸出院墙，围成一个大院。院中前部矗立一座石塔，该塔相传建于隋朝，共有十三级，底层平面为六边形，塔底周边环以六边形石栏，塔后一座面阔、进深均三间的佛殿，再往后为千佛阁。千佛阁高三层，重檐歇山顶，两侧有跨院。东跨院由两座合院构成，非寺院建筑形制，应为皇帝巡行此地的歇脚之处；西跨院由三座寺院建筑围合而成（图7-2-1-12）。

二、山东境内的图像

　　山东境内第一幅图像为"德州行宫"。德州行宫为乾隆入山东第一站，位于德州南门外。"德州行宫"一图未采取前面的透视方法，而是以平面结合立面图的方式呈现了德州行宫的建筑布局和立面样式，这种表现手法在地理舆图中经常采用。从图中可见，德州行宫布局主要有三路。中路中轴线上依次为大宫门、二宫门、便殿、垂花门、寝殿、照房，前后五进院落。大宫门两侧伸出八字墙，前有影壁。垂花门两侧分别有东过厅和西过厅，可通向东、西两路。西路前后两进院落，前院为花园，园内挖池筑山，池边建有四明亭，后院为内值事房所在。东路三进院落，轴线上依次为垂花门、中殿、照房。东路与中路之间还有一座夹院，院内为佛堂建筑，可满足清廷皇室礼佛的需要。宫区前方还有军机房、朝房、膳房、值事房等设施。总体来看，德州行宫布局规整，建筑功能完善，是一座较为标准的行宫设施（图7-2-2-1）。

　　第二图为"晏子祠行宫"。该行宫位于德州境内齐河县西北，与晏子祠[①]相邻而建。整个建筑群坐北朝南，为规整合院型、四路多进格局。西一路

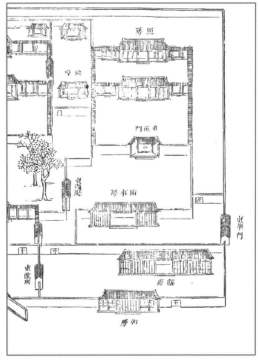

图7-2-2-1　（清）《南巡盛典》—《德州行宫》

---

① 晏子名"晏婴"，春秋时齐国人。

前后五进院落，轴线上自南向北依次为西垂花门、正殿、照房、正殿、照房。西二路前后三进院落，轴线上依次为东垂花门、两捲房。东二路前后三进院落，第一进为膳房所在，二进院开有齐相门，三进院建有齐相祠，即原有的祠堂设施。东一路前后三进院落，为军机处和值房所在。大宫门开辟在东侧，二宫门位于齐相门西侧。齐相祠与两捲房之北为后花园，园内开辟有月牙池，池边有置石、假山、土坡、景亭，植被茂盛，并建有万字游廊与合院廊庑相通（图7-2-2-2）。

灵岩行宫位于长清区东南九十里处的泰山北麓灵岩山下，与灵岩寺相邻。灵岩山以石、泉著名。第三幅"灵岩行宫"一图中，以较大的画幅描绘了灵岩山的形态。图中显示，灵岩山多岩石峭壁，山顶较平，四壁陡峭，因此又称为"方山"。崖壁之上有巢鹤亭，山中有白云洞，峰顶有巨石名为"巢鹤峰"。山坡、山下生长有大量的松树。灵岩山下左半幅为灵岩寺，按寺院格局与建筑形制建造，呈中轴对称布局。建筑主要分布在两个台层上，下台层的卓锡泉是当地名泉；上台层角院中有一座辟支塔，该塔始建于唐代天宝年间，高九层，塔顶为铁刹顶。右半幅为灵岩行宫。行宫成规整的方院格局，依山势而建。主轴线起始于大宫门，直至两层高、重檐顶的爱山楼。主院右侧有一座对松亭，亭下为当地另一名泉——甘露泉（图7-2-2-3）。

第四幅至第八幅均为泰山的行宫、景点图像。第四幅为"泰岳"，也是南巡图中的第一幅名山图像。泰岳即泰山，又称为岱山、岱岳、岱宗，是五岳之首，历代帝王封禅之山。按照山岳图的模式，图中清晰地表现了泰山主峰的地势山形，标注的重要人工景观有行宫、碧霞宫、御碑、南天门、西天门、东天门、东岳殿、养云亭、三大士殿、万丈碑、金星亭、玉皇庙、壶天阁、万仙楼、红门、周明堂、九女寨、竹林寺、眼明殿、青

图7-2-2-2　（清）《南巡盛典》—《晏子祠行宫》

图 7-2-2-3　（清）《南巡盛典》—《灵岩行宫》

图 7-2-2-4　（清）《南巡盛典》—《泰岳》

帝观、关帝庙，自然景观有丈人峰、玉皇顶、日观峰、月观峰、白云洞、
十八盘、朝阳洞、五大夫松、大龙峪、百丈崖、仙人影、经石峪、王母
池、吕公洞（图 7-2-2-4）。

　　第五幅"红门"、第六幅"玉皇庙"、第七幅"朝阳洞"、第八幅"岱顶行

图 7-2-2-5 （清）《南巡盛典》—《红门》

宫"均为泰岳中的行宫与名胜。红门位于关帝庙与万仙楼之间的山道上，是登岱顶的门户。图中红门的入口为"孔子登临处"牌坊，过牌坊后东有佛殿，西有元君殿，路边有茶亭，前有合云亭，中间为阁楼，阁楼底部为拱门。四周多松树，东侧有溪流（图 7-2-2-5）。玉皇庙位于泰山壶天阁之后，前有元君殿，西有真武殿。庙后为石崖峭壁，庙前为方院，四周植被茂盛，多种植有泰山松、竹丛（图 7-2-2-6）。朝阳洞位于大龙峪与十八盘之间的蹬道边，"朝阳洞"图中显示洞口建有三开间的牌坊。附近有元君殿和歇息处，蹬道另一侧为万丈绝壁。周围植被以松树较多。岱顶行宫位于泰山南天门之上（图 7-2-2-7）。"岱顶行宫"一图主要描绘了自南天门至碧霞宫的风景，对行宫设施并未做详细的表现。乾隆南巡途中，登泰山拜祭碧霞宫，因此这里是其南巡中重要的一站。图中建筑依山石布置。南天门位于图像左下方，入口为砖砌拱门，城墙上建有两层高的阁楼。南天门后面为方形的平院，院对面为关帝庙。过关帝庙沿石阶而上，可至行宫的大宫门。行宫右侧山上为碧霞宫所在。碧霞宫为道教圣地，四周以墙体围合，形成完整的道观空间，主体建筑沿着中轴线排列。道观旁另有一处跨院，院内有更衣亭。远处可见探海石、北天门、西天门等山峰巨石；山上多种有泰山松（图 7-2-2-8）。

第九幅为"岱庙"图像。岱庙位于泰安府之所西北，雍正七年（1729）重修，是道教全真派所在。图中岱庙坐北朝南，呈中轴对称布局。自入口经大山门、二山门进入主院。主建筑峻极阁位于高大的台基上，面阔七间，高两层，重檐歇山顶，阁两边各有一座四边角亭。山门两侧各有跨院。西跨院植有唐槐，院内有环咏亭，是历代游人题咏之处；东跨院有御碑亭，植有数株汉柏。东西跨院同时也是乾隆巡幸此处的歇脚之处（图 7-2-2-9）。

图 7-2-2-6 （清）《南巡盛典》—《玉皇庙》

图 7-2-2-7 （清）《南巡盛典》—《朝阳洞》

图 7-2-2-8　（清）《南巡盛典》—《岱顶行宫》

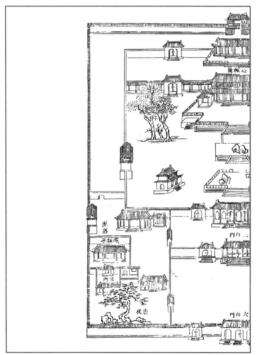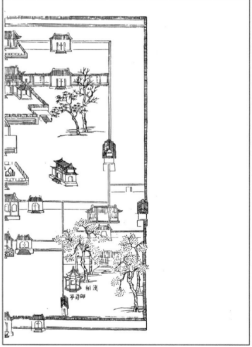

图 7-2-2-9　（清）《南巡盛典》—《岱庙》

　　第十幅为"四贤祠行宫"图像。四贤祠行宫位于泰安县西南魏家庄，依托四贤祠[1]而建。行宫格局总体呈三路布局、宫苑分置。宫区主要位于西路和中路，苑区位于东路。中路自南向北依次为大宫门、垂花门、寝殿、后照房，大宫门后的二宫门开在侧墙上，可直通东路的四贤祠。西路自前向后为

[1] 四贤祠为宋代胡瑗、孙复、石介、孔道辅四人的祠庙。

垂花门、中房、照房。各路以廊庑分隔形成小合院。四贤祠后为园林区，园内凿池筑山，建游廊，广植花木。寝殿前院落较大，也置有湖石假山和多种植物。四贤祠行宫建筑规整，进宫路线较为往复交错（图7-2-2-10）。

第十一图为"孔庙"。孔庙为祭祀孔子的本庙，位于曲阜县城内。历代帝王均重视修葺、增建孔庙。图中孔庙坐北朝南，呈中轴对称布局。西侧有乐器门、观德门、仰高门，东侧有礼器门、毓粹门、快睹门。主入口为南侧的圣时门，门前有至圣坊、棂星门，门内有池沼，池上架有三桥，过桥后自南向北沿中轴线依次为宏道门、大中门、同文门、奎文阁，奎文阁后为大成门和大成殿。大成门后有孔子手植的桧树和其讲学使用的杏坛。大成殿是孔庙的主殿，位于三层台基上，殿高两层，气势恢宏。大成殿后有一后院，内有寝殿，再向北为圣迹殿。大成殿东西两侧各成一路，西路有启圣门、金丝堂、启圣殿、寝殿，东路有承圣门、礼诗堂、五代祠和家庙（图7-2-2-11）。

第十二图为"古泮池行宫"。古泮池行宫位于曲阜县城东南，原有泮宫、灵光殿。"古泮池行宫"一图也采用了地理舆图的表现方法。整座行宫按照宫苑分置格局，分为两大部分，上部为行宫区，下部为园林区。行宫区主要由三座方院构成，中院中央为寝殿，后为照房。各院子的下方为入口通道，从左向右依次为大宫门、二宫门和垂花门。寝殿对面为便殿，过便殿下台阶可至四明亭。四明亭位于园林区古泮池池边的平台上，亭侧只有湖石假山，通过折桥与水心亭相连。古泮池占据了园林区的大部分面积，池边种有松树、柳树等植物。行宫外还有茶膳房、值事房，大宫门外有一对朝房（图7-2-2-12）。

图7-2-2-10　（清）《南巡盛典》—《四贤祠行宫》

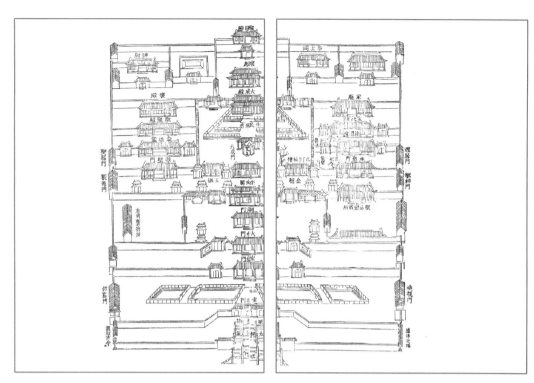

图 7-2-2-11 （清）《南巡盛典》—《孔庙》

166-167

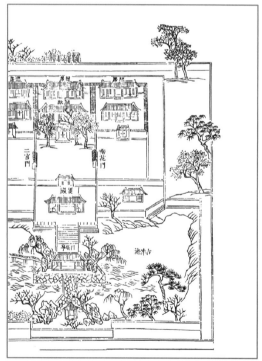

图 7-2-2-12 （清）《南巡盛典》—《古泮池行宫》

第十三图为"孔林",又称为至圣林,是孔子去世后的埋葬处,位于曲阜县城北。孔林古木参天,康熙时期予以扩建,增加了不少建筑物。图中以流水分为前后两部分。前面有至圣林坊、头门、贞节坊等建筑,过桥后为享殿、驻跸亭等,享殿边有子贡手植的楷树(图7-2-2-13)。

第十四图为"孟庙",位于邹县城南,是祭祀孟子的祠庙,距离孟子故里三十余里。庙堂内外树木参天、植被苍郁。入口从外向内共有三进,轴线上依次为亚圣坊、棂星门、仪门、承圣门。仪门前有御碑亭一座。承圣门以北第四进院分为三路,中路自承圣门起,内有亚圣殿、寝殿,亚圣殿为拜祭主殿,位于高台基上,面阔五间,重檐歇山顶;西路自致敬门进入,内有致敬堂和家庙;东路自启贤门入,内有邾国公殿和宣献夫人殿(图7-2-2-14)。

第十五图为"泉林行宫",位于泗水县东五十里处陪尾山南,当地多泉眼,为泗水的源头,故名泉林。整座行宫为前苑后宫格局,环绕以河渠。入口处有一座三开间牌坊,牌坊下为三座石拱桥,过桥为大宫门、二宫门,二宫门北为苑区。紧靠二宫门处为珍珠泉,泉北有御碑亭,井口向东延伸出一条曲状水渠,水边建有泗水源亭和"子在川上处"亭。水渠东有环廊,中央为横云馆。馆南为竹林,过竹林为巨大的水池,池边多湖石驳岸,池边有方亭和船亭,并架有九曲折桥。苑区以西有三座长条形的院子,中间的院子为泉林寺,寺内有佛殿和观音殿。泉林寺东为古荫堂,堂前置石假山,堂后为竹丛。宫区位于苑区以北,分为三路,分别有正宫门、东宫门、西宫门三个出入口。正宫门以北为近圣居,两侧以庑廊围合。中路与西路之间有一座夹院,院内有红雨亭(图7-2-2-15)。

图7-2-2-13 (清)《南巡盛典》—《孔林》

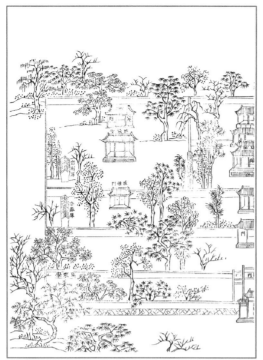

图 7-2-2-14 （清）《南巡盛典》—《孟庙》

图 7-2-2-15 （清）《南巡盛典》—《泉林行宫》

第十六图为"万松山行宫",位于费县东北十里处。万松山又名阳口山,山中多松树,附近为浚水之源头。"万松山行宫"图中显示,行宫设施位于山顶台层上,呈两路多院格局,内有前殿、寝殿、见山楼、望亭等,宫门前有值事房、军机房,布局较为简约,没有独立设置的园林区。图中对万松山的植被描绘生动(图7-2-2-16)。

第十七图为"郯子花园行宫",位于郯城县城外。图中显示,行宫设施较为简单。布局为三路多进格局,建筑主要集中在西路和中路,中轴线上依次为大宫门、二宫门、便殿、垂花门、寝殿、照房。东路北半部分为小型花园,园内有假山植被,建有御书房(图7-2-2-17)。

第十八图"南池"位于济宁州南门外。唐代著名诗人杜甫曾到此地游览,后人建少陵祠于此。图中,整个景区以院墙围合,北倚城池,南临河道。南池掩映于树丛后,池壁石砌,绕以栏杆。池北为御碑亭,亭北小院内为少陵祠。池边建有水阁,与游廊相接。游廊曲折向西延伸,廊中有休息处。池西景物沿两路分布,西一路前为入口大门,两侧伸出八字墙,入口前有影壁,大门内为方池,池上架有拱桥,池边砌筑栏杆,池后为小合院,院内矗立一座重檐楼阁。西二路自南向北依次为大门、二门、牌坊和亭子。河边、城池下林木苍郁,景致幽然(图7-2-2-18)。

第十九图为"太白楼"。太白楼位于济宁城南,因李白曾在此为官,后人为纪念他而修建此楼。图中太白楼位于城关之上,楼高两层,面阔三间,重檐歇山顶。登城南望可俯瞰运河之景。城池下、运河岸边有多栋民屋,沿河岸有数处停泊码头,四周植被茂盛(图7-2-2-19)。

第二十图为"分水口",位于汶上县汶水与运河的交汇处。此处不以景致取胜,而是运河沿线一处重要的补水口,对南北漕运的畅通有重要作

图7-2-2-16　(清)《南巡盛典》—《万松山行宫》

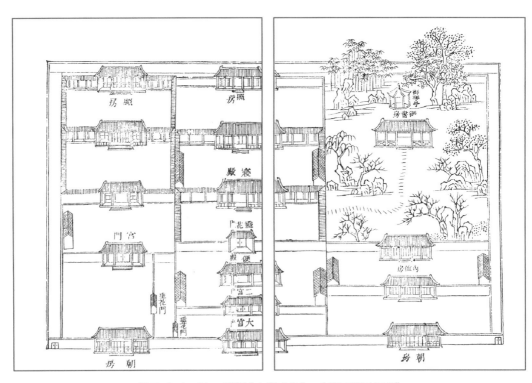

图 7-2-2-17 （清）《南巡盛典》—《郊子花园行宫》

图 7-2-2-18 （清）《南巡盛典》—《南池》

图 7-2-2-19　（清）《南巡盛典》—《太白楼》

图 7-2-2-20　（清）《南巡盛典》—《分水口》

用，也是清朝皇帝南巡必经之处。图中显示汶水入运河后，三分南流，七
分北流。洲头建有全运枢机坊和二汶关键坊，河对岸为禹王庙。禹王庙呈
三路格局，内有御碑亭、龙王殿、关圣帝殿、禹王殿（图 7-2-2-20）。

第二十一图"光岳楼"，位于东昌府城中。图中楼阁建于巨大的台基上，台基四面均开有三个拱门，台边绕以围栏。楼高三层，重檐歇山顶，面阔三间，登楼可远眺岱岳。楼阁位于城中，四周多民居。前面城墙有两处城关入口，城关上均有两层叠楼。城墙下沿河岸植被稀疏，建有多处民居。右侧城关外道路边一处寺院，寺院内建有一塔（图 7-2-2-21）。

图 7-2-2-21　（清）《南巡盛典》—《光岳楼》

图 7-2-2-22　（清）《南巡盛典》—《无为观》

图 7-2-2-23　（清)《南巡盛典》—《四女寺》

第二十二图 "无为观"，位于清州境内运河边，原名玉皇阁，康熙临幸此地时赐名为 "无为观"。图中一条运河自左向右下方流淌，河边林木苍翠，环境清静。建筑物分为两路，西路为无为观所在，院后方矗立着两层高的玉皇阁；东路为皇帝的休憩场所，后置御碑亭一座（图 7-2-2-22）。

第二十三图 "四女寺"，位于恩县境内运河岸边，靠近滚水坝，此处为控制运河水量的重要地段，也是乾隆南巡视察的重点。图中四女寺描画较为简略，仅两栋建筑。寺后有巨大的池沼，池水引自运河，池上建有折桥和水阁，供皇帝及家眷游憩使用。河岸边建有数栋建筑，以院墙围合，前有宫门，应为乾隆休憩之所（图 7-2-2-23）。

三、江南境内的图像

江南境内第一幅 "顺河集行宫"，位于宿迁（今宿迁市）运河东，第二幅 "陈家庄行宫" 位于桃源县。两图视点高远，对行宫的描绘较为粗略，但可辨识出三座行宫均按照多路多进合院格局营造，这里不做详细分析（图 7-2-3-1、图 7-2-3-2）。

第三幅 "惠济祠" 位于淮安府清河县，始建于明代正德二年（1507），处于重要的清黄之交、水利枢纽位置。图像展示了惠济闸、通济闸等复杂的闸口与水道形态，惠济祠位于图像中部，呈三路多进格局。中路与左路应为祠堂建筑，右路为休憩建筑（图 7-2-3-3）。

第四幅 "香阜寺" 至第二十一幅 "锦春园" 均位于扬州府。香阜寺是乾隆进入扬州地段的第一站，在《江南园林胜景图》中亦有描绘。图中香阜寺

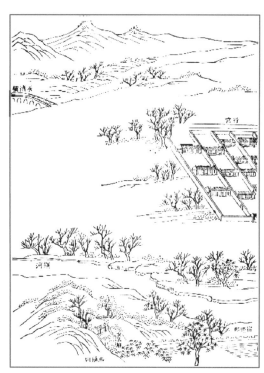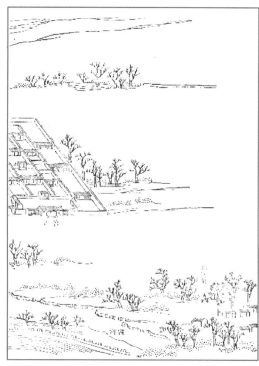

图 7-2-3-1 （清）《南巡盛典》—《顺河集行宫》

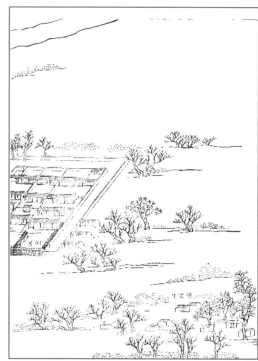

图 7-2-3-2 （清）《南巡盛典》—《陈家庄行宫》

图 7-2-3-3 （清）《南巡盛典》—《惠济祠》

图 7-2-3-4 （清）《南巡盛典》—《香阜寺》

背倚小五台山、前临河道，周围植被茂盛。寺院建筑依山而建，山门前矗立三间牌坊，回廊围合成侧院（图 7-2-3-4）。

第五幅"竹西芳径"一图以城北竹西寺为中心。竹西寺又名上方寺，内藏吴道子画、李白创作、颜真卿书的"宝至公像"，谓之"三绝"。杜甫曾

图 7-2-3-5　（清）《南巡盛典》一《竹西芳径》

作诗"谁知竹西路，歌吹是扬州"，遂得名"竹西寺"。图中竹西寺位于山坡顶，四周视野开阔。沿蹬道拾级而上过入口牌坊，可至寺门。寺内空间主次分明，建筑形态规整，主院一侧有跨院与后院，寺前空地上建有竹西亭，亭内石碑上刻有苏轼诗句（图 7-2-3-5）。

　　第六幅"天宁寺行宫"，位于扬州府城拱辰门外，原为东晋谢安的别墅，后舍宅为寺，称为"谢司空寺"，北宋时期改为"天宁寺"。图中，行宫区与寺院区之间以夹院相隔，夹院内有数栋护卫房。行宫区分左中右三路，中路轴线上依次为大宫门、二宫门、前殿、寝殿、照房，右路依次为朝房、宫门、戏台、前殿、垂花门、寝殿、照房。左路分两区，前区为园林区，院内筑有假山，山上建有景亭；后区包括两座方院，西院为戏台和西殿，东院为内殿所在。左路西侧另有一处长条状的夹院，院内为护卫房。天宁寺布局按照寺院形制，轴线上依次为山门、天王殿、大殿、万佛楼，万佛楼后为后花园和僧房所在（图 7-2-3-6）。

　　第七幅"慧因寺"至第十九幅"邗上农桑"同样出现在《平山堂图志》中的插图中。由于《平山堂图志》与《南巡盛典》编纂时间相近，所描绘的同一地点景观特征相差不大，这里不再做具体图像空间分析。

　　第二十幅"高旻寺行宫"，位于扬州府城南三汊河茱萸湾，河水北达淮河、西至仪征、南通瓜洲，为交通要冲。"高旻寺行宫"一图中显示，寺院和行宫位于河口西岸。寺院偏东，寺内有大殿、京佛殿，殿后为塔院，内有天中塔。行宫区位于寺西，采取宫苑分置格局。宫区紧靠寺院区，分为三路。东路依次为宫门、垂花门、正殿、照殿，中路依次为大宫门、垂花门、前殿、中殿、后殿、后照房、卧碑亭，西路为书房。大宫门两侧建有朝房和茶膳房。园林区位于西路西侧、北侧，面积很大。园内以池沼为中

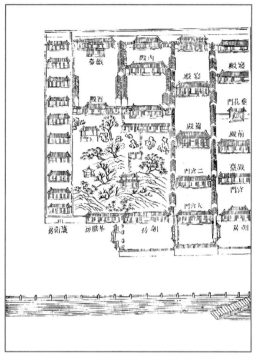
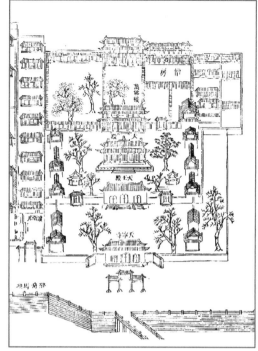

图 7-2-3-6 （清）《南巡盛典》—《天宁寺行宫》

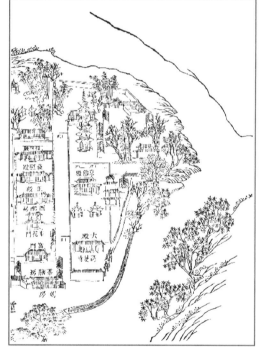

图 7-2-3-7 （清）《南巡盛典》—《高旻寺行宫》

心，池中筑有大小不一的三处洲岛，岛间以折桥和板桥相连。南侧洲岛面积
最大，岛上有一座以廊庑围合的方形合院，院内有看戏厅和戏台，向东通过
廊桥直达西套房。环池有多座石矶，形成丰富的驳岸效果，洲岛与池边花木
繁盛。池边有万字房，造型类似于圆明园中的万字房，只是规模较小。池边
平地上有箭厅、石板房，西南角有一座歇山楼（图 7-2-3-7）。

图 7-2-3-8　（清）《南巡盛典》—《锦春园》

　　第二十一幅"锦春园"，位于瓜洲，原名"吴园"，园内曾建有大观楼。图中园门临水，入园后经二门和夹院可至御书楼。御书楼高两层，登楼可观赏长江之景。御书楼后为三座合院，自成一个宫区，有单独的宫门。入宫门后分布有前正房、后正房和后照房，建筑两侧伸出庑廊，围合成规整的小合院。御书楼左侧为锦春园主园区，园内有大池，池边以湖石堆砌有形态各异的驳岸与假山。池边建有梅厅、桂花厅、江城阁、水阁，以及数座景亭，阁、厅之间以水廊、廊庑相连，池边栽植有竹、梅、桂花，临水边以游廊代替院墙。锦春园理水技法高超，植物、建筑相得益彰，是一处技艺精湛的江南风格园林（图 7-2-3-8）。

　　镇江境内的"金山""焦山"两图为山水并重型名胜。金山位于镇江府西北，高 44 米，周长 520 米，原本是长江中的一个岛屿，其形态宛如一块浮在江面的碧玉，被人们称为"浮玉山"；后因为江水淤沙移动、岸线变化，至清末时与陆地连成一体。第二十二幅"金山"图中以大幅画面描绘了浩瀚的江水，江面之中金山岛如浮玉一般。山体几乎被江天禅寺覆盖，形成"寺裹山"的独特风貌。江天禅寺原名"泽心寺"，始建于东晋，是佛教禅宗四大丛林之一，寺院依托金山而建。从山麓到山顶分为数个台层，寺院建筑群分布在台层上，其间以蹬道相连。图中标识的建筑物主要有天王殿、大殿、浮玉亭、别有轩、多宝塔，行宫设施位于山麓平台上。山顶有一座高耸的慈寿塔，是长江中的制高点和景观焦点（图 7-2-3-9）。

　　焦山位于镇江东北，因汉朝焦光隐居于此，故名"焦山"。第二十三幅"焦山"，处于浩瀚长江之中，前面有御码头供清朝皇帝登岛用，山中有观音岩、关帝庙，山顶有镇江楼，环以廊庑，是观赏长江胜景佳处。山下码头有定慧寺建筑群，该寺始建于东汉年间，曾名"焦山寺"，康熙南巡时改

图 7-2-3-9 （清）《南巡盛典》—《金山》

图 7-2-3-10 （清）《南巡盛典》—《焦山》

名为"定慧寺"。寺院建筑形制严整、宝相庄严，格局按照多路多进布局，以隔墙、廊庑分隔合院，寺内外植被丰富（图 7-2-3-10）。

　　第二十四图"钱家港行宫"，位于镇江府西门外。图中钱家港行宫位于江岸边，呈多路多进合院格局。四周较为空旷，远处江心可见金山岛与慈寿塔（图 7-2-3-11）。

图 7-2-3-11　（清）《南巡盛典》—《钱家港行宫》

图 7-2-3-12　（清）《南巡盛典》—《甘露寺》

　　第二十五图"甘露寺"，位于镇江府北固山。北固山为镇江名山，三面临江，山势险峻，极有气势。图中显示，北固山石壁纵横，石间植被也较为丰富。甘露寺依山而建，自江边沿石阶而上，经过禅堂、天津泉、猛将庙，可至山顶台层。寺院主体位于山顶台层，分为三级，自低向高主建筑依次为藏经楼、大雄殿，殿后有关帝庙。山崖上还建有一座石塔（图 7-2-3-12）。

第二十六图"舣舟亭",位于常州府东门外,因苏轼常于此系舟,故名"舣舟亭"。当地士绅为迎接乾隆南巡,在此增建园墅,成为名园。图中该园处于河道转弯处,以墙廊围合成院,园外土坡隆起,植被丰富。园内筑有多处湖石假山,中有一大池,名为"洗砚池",相传为苏轼洗砚之处。池边建有御诗亭、御诗楼、水阁,环池有置石,辅助以竹林花木,形态优雅(图7-2-3-13)。

第二十七图"惠山",为无锡境内的名山,位于锡山西侧。因山有九陇,又称为"九龙山"。山中泉水闻名,陆羽品此泉誉为"天下第二泉"。图中左侧为锡山,山体较小;右侧为惠山,山麓较为平坦处建有惠山寺,寺前临河。山门前有三间牌坊,内部呈中轴对称格局,两侧以廊庑围合,一侧伸出跨院。寺后有竹炉山房(图7-2-3-14)。

寄畅园位于无锡惠山山麓,山中原有惠山寺,明朝中叶尚书秦金在惠山寺北营造别墅园林"凤谷行窝",其后人湖广巡抚秦燿罢官回乡后大肆改造此园,改名为"寄畅园"。第二十八图"寄畅园"的视点取自池沼一侧。池沼面积很大,几乎占据了三分之一画面,池后有山冈隆起,坡上植被葱郁、山石嶙峋,山下有石矶伸出水面,形成半岛,石矶与水口处架有石板桥,与上山蹬道相连。池右为嘉树堂,池左为水阁游廊,通向卧云堂。卧云堂后有天香阁和宸翰堂,卧云堂前有石砌平台,过平台可通向水阁后面溪涧的拱桥,过桥可至凌虚阁。凌虚阁位于池角,阁前有一座置石石峰,名曰"介如石"。池前方有知鱼槛和临水游廊,向右过桥可通向嘉树堂(图7-2-3-15)。

第二十九图"苏州府行宫",位于苏州府城内,原为苏州织造府所在地,康熙南巡曾驻跸于此。图中行宫设施位于织造府衙门两侧,前临内

图7-2-3-13 (清)《南巡盛典》—《舣舟亭》

河，呈多路多进合院格局。织造衙门东侧有四路建筑，中路轴线上依次为大宫门、垂花门、二宫门、照厅、正寝宫，中路东侧有两路建筑，分别为花厅、膳房和小戏房，中路西侧为内监房、内侍房和戏台。织造衙门西侧有五路建筑。中路轴线上依次为大殿、垂花门、正寝宫、后寝宫、看戏

图 7-2-3-14　（清）《南巡盛典》—《惠山》

图 7-2-3-15　（清）《南巡盛典》—《寄畅园》

厅、戏台和内戏房，中路西侧为佛堂，中路东侧为从侍房、随侍房、六进所、后七间。佛堂院西为更路，隔更路为从人房、书房、外戏房、御茶房、御膳房等辅助性建筑。"苏州府行宫"一图采用地理與图画法，图中植被稀少，建筑均以粗立面表示（图7-2-3-16）。

沧浪亭位于苏州城南三元坊，原为五代吴越国钱元璙的亲戚孙承佑私园。北宋庆历四年（1044），诗人苏舜钦（字子美）因被贬而流落苏州，因为原居所偏远狭小，故购得孙氏园址营建了沧浪亭。亭名来自《孟子》中的"沧浪之水清兮，可以濯我缨；沧浪之水浊兮，可以濯我足"，表达北宋文人超脱尘世的人生态度。苏舜钦自号沧浪翁，并作《沧浪亭记》，其好友欧阳修作《沧浪亭》诗，其中有名句"清风明月本无价，可惜只卖四万钱"，沧浪亭因而名声大振。南宋初年，该园墅为抗金名将韩世忠所得。[①]元代沦为僧舍。清康熙三十四年（1695）巡抚宋荦再建沧浪亭，并悬挂文徵明手书"沧浪亭"三字于亭楣。"沧浪亭"一图中，显示因乾隆在此游幸，建有行宫休憩设施。园内有大量的湖石假山，植被掩映，廊亭榭阁穿插于假山植被之间，形成复杂精巧的内部景观空间。右侧图版竹丛之后、假山之巅为沧浪亭，由此可远看护城河（图7-2-3-17）。

第三十一图"狮子林"，位于苏州府城东北，是江南名寺。寺院始建于元代，为天如禅师弟子为其师所建。元代著名画家、"元四家"之一的倪瓒曾作有《狮子林图》，使其名声大噪。明清时期，狮子林屡易其主、数度荒芜，一部分曾沦为私园。康熙南巡到访此地，赐名为"狮林寺"。"狮子林"一图详细地表现了该园林的构成。入口位于图像左下角的山门，山门为庑殿顶，两边伸出八字墙。山门后为大殿，殿后为藏经阁，大殿高一层，藏经阁高两层，均为重檐歇山顶、面阔五间。殿旁空旷，间有一些平房。

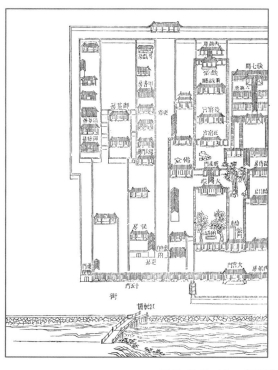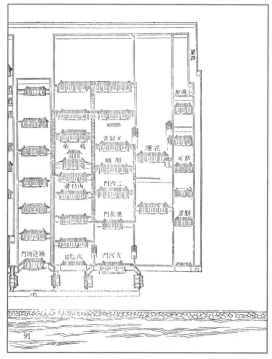

图7-2-3-16　（清）《南巡盛典》—《苏州府行宫》

①《中国古典园林史》第二版，第230页。

藏经阁后院为园林区，主景为假山群。假山以太湖石堆砌而成，大部分位
于池中，石峰章法有度、姿态万千，有峰回路转之势，好似狮子摇头。假
山中有御碑亭，山旁有御诗楼，显示康熙、乾隆曾多次在此题诗。假山池
边架有拱桥，桥上有亭。池对岸为园林区主建筑群。园内植被丰富，假山
上以松树为多（图 7-2-3-18）。

图 7-2-3-17 （清）《南巡盛典》一《沧浪亭》

图 7-2-3-18 （清）《南巡盛典》一《狮子林》

虎丘为苏州名山。虎丘曾名"海涌山",春秋时期,吴王阖闾在此营建离宫。东晋时,司徒王珣与其弟司空王珉在山中营建园墅,后来舍宅为寺。隋朝时隋文帝杨坚下诏在虎丘建造了舍利塔。宋朝建成云岩禅寺,成为东南"五山十刹"之一。第三十二图"虎丘"中,虎丘几乎一半山体被云岩寺所覆盖。山门开在望山桥旁,两侧伸出八字墙,门前为码头,河中有影壁。入山门拾级而上,依次为二山门、憨憨泉、试剑池、生公石。山顶较平,建筑较多,后宫门也开于此处。山巅处建有望苏亭,楼阁廊榭围合一处方院,院内矗立着云岩寺塔(图 7-2-3-19)。

第三十三图"灵岩山",位于苏州府西三十里,又名石鼓山和砚山。图中灵岩山山势较为峻峭,多奇石,植被丰富,尤以松树较多,登山顶可俯瞰太湖之景,山下溪流潺潺,植被丰富。山中有寿星石;山顶地势稍平,最早曾建有吴王夫差的馆娃宫,后改建为灵岩寺。寺中塔院中矗立有灵岩寺塔(图 7-2-3-20)。

邓尉山位于苏州府西南,又名光福山。第三十四图"邓尉山"图中,邓尉山山脉起伏,左有吾家山、青芝山、珍珠岭,右有妙高峰,前临太湖。山麓建有寺院,名为圣恩寺,始建于唐代,寺院周围松林环绕,环境清幽(图 7-2-3-21)。第三十五图"香雪海",位于邓尉山支脉吾家山中,是赏梅的名胜。"香雪海"图中沿山坡种植有大量的梅树,梅林中隐约可见合院堂宇,山前为太湖,水边矗立有光福塔(图 7-2-3-22)。

第三十六图"支硎山",位于苏州府西。图中山体多石块,松树较多,松林山中流出溪涧,跨涧平桥通向一处建筑群。该建筑群以合院布局,分布在数个台层上。较高处有一座观音殿,殿后石崖上建有观景亭,靠山一侧以曲折游廊连接高台楼阁(图 7-2-3-23)。

图 7-2-3-19　(清)《南巡盛典》一《虎丘》

图 7-2-3-20 （清）《南巡盛典》一《灵岩山》

图 7-2-3-21 （清）《南巡盛典》一《邓尉山》

图 7-2-3-22 （清）《南巡盛典》—《香雪海》

图 7-2-3-23 （清）《南巡盛典》—《支硎山》

第三十七图"华山",也位于苏州府西,紧邻支硎山。图中华山山体多为石壁,山上植被丰富,尤以松树为特色,自然景观特色与支硎山相似。侧岭为莲子峰,山下有华山初地,山中建有华山寺。寺院建筑形态规整,合院方正,颇有气度。寺内外竹林较多(图7-2-3-24)。

寒山别墅位于支硎山西。第三十八图"寒山别墅",图中显示寒山为峰岭名称,后面另有一峰,名为芙蓉峰。两峰石壁嶙峋,山势陡峭,山中多松树。寒山因明代赵宦光在此营造寒山别墅而出名。空旷平坦的山坡上有一处宫区,为乾隆驻跸休憩处。宫门内建筑不多,原为僧舍,呈前后排列,两侧以廊庑和院墙围合,并环绕以竹林、石壁,旷古幽静。宫门前有赵宦光手植的梅树。宫区西侧为清浅池,池水通千尺雪,池旁有水阁、景亭,夹杂以竹丛、柳树。东侧为空谷,以院墙围合,园内环绕以假山石,临悬崖处建有石台高阁和观景榭,以游廊相连,是观山景的佳处(图7-2-3-25)。

赵宦光在寒山石壁中引泉水而下,形成飞瀑,名为"千尺雪"。第三十九图"千尺雪",详细描绘了其周围的景观。"千尺雪"图面下方密集的竹林与梅花树丛后为飞鱼峡流水,流水源自画面中央石壁夹缝中的飞瀑"千尺雪"。水上架有板桥,名为"惊鸿渡"。千尺雪石崖上有云中庐、听云阁,听云阁左侧为弹冠室,以爬山廊与左下方的建筑相连。园内外植被葱郁,以青松、梅树、竹林居多(图7-2-3-26)。

第四十图"法螺寺",位于苏州寒山千尺雪之上。山虽不高,但峰石嶙峋、植被葱郁,环境清幽。图中一条山涧流淌而过,寺院位于山涧旁,被松树、竹林、柳树、巨石遮挡,并未显出全貌。露出的一部分,显示为廊庑围合成合院,夹杂以山石和池沼(图7-2-3-27)。

图7-2-3-24 (清)《南巡盛典》—《华山》

图 7-2-3-25 （清）《南巡盛典》一《寒山别墅》

图 7-2-3-26 （清）《南巡盛典》一《千尺雪》

图 7-2-3-27 （清）《南巡盛典》—《法螺寺》

图 7-2-3-28 （清）《南巡盛典》—《高义园》

　　第四十一图"高义园"，位于苏州府西天平山下。天平山峰峦叠嶂，山顶有望湖台、照湖镜等景点。山中多泉水，山南有范仲淹墓和范氏义庄。乾隆十六年（1751）改范氏义庄为高义园。图中高义园位于天平山麓，入口前有三间牌坊，入口后为巨大的池沼，池上架有折桥。池北建筑规整，有御书楼、御碑亭、忠烈庙等，园后多青松，池边有柳树、梅树，植物丰富（图 7-2-3-28）。

穹窿山位于苏州府西南六十里，临太湖。第四十二图"穹窿山"中，穹窿山山势连绵起伏，中峰隆起，为太湖东岸群山之冠。山中植被丰富，湖光山色，风景极美。山中有寺院，依山势有多座跨院，内有休憩处，是观赏太湖风景的佳处（图7-2-3-29）。

"石湖"为苏州府境内的名川图像，位于苏州府城西南，为太湖支流。相传春秋时期范蠡自此乘舟退隐山林。宋代范成大在此建有亭廊馆榭，宋孝宗赐"石湖"二字。第四十三图"石湖"以半幅画面表现了石湖的水面。湖中有石台，台上建有湖心亭，以廊榭围合成院，四面通透。画面右侧为行春桥，过桥为石佛寺所在。石佛寺左右三路格局，中路前后三进院，边路两进院。湖边驳岸曲折多变，忽而平坦，忽而峭壁，植被较为丰富（图7-2-3-30）。

治平寺位于上方山，下瞰石湖，风景绝佳。寺院始建于南朝后梁年间，原名楞伽寺。"治平寺"图中寺院依山势而建，建筑群主要位于两个台层上。底层为山门和主体建筑。山门面向蹬道，与主殿轴线垂直。主殿前后三栋，以廊庑围合成方院。主院一侧另有数座跨院。上台层有石湖草堂，内有文徵明手书题额。草堂之上有观景石台，台旁竹林茂密，林边巨石林立，石下有一处池沼，池边另有建筑与庑廊延伸至画外（图7-2-3-31）。

上方山又名楞伽山，位于苏州西南。第四十五图"上方山"，图中显示上方山山势不高，紧临石湖，视野通透。山巅建有塔院，其间矗立一座石塔。在山顶可俯瞰石湖，北望郊台（图7-2-3-32）。

第四十六图"龙潭行宫"，位于句容县西北八十里处。图中行宫的背景为起伏的宁镇山脉，周边环境植被苍郁。行宫部分按照地理舆图的平面画

图7-2-3-29　（清）《南巡盛典》—《穹窿山》

图 7-2-3-30 （清）《南巡盛典》—《石湖》

图 7-2-3-31 （清）《南巡盛典》—《治平寺》

图 7-2-3-32　（清）《南巡盛典》—《上方山》

图 7-2-3-33　（清）《南巡盛典》—《龙潭行宫》

法，坐北朝南，呈四路格局。中路中轴线上依次为宫门、垂花门、大殿、
寝殿和照房。东路依次为茶膳房、书房，书房北有一小宫区，内有正殿和
两座照房。西路为茶膳房、书房、垂花门和便殿，再往西为戏台和敞厅，
敞厅靠近园林区（图 7-2-3-33）。

图 7-2-3-34　（清）《南巡盛典》—《宝华山》

　　句容县北宝华山是一座佛教名山，也是秦淮河发源地。第四十七图"宝华山"图中，宝华山山脉连绵起伏，覆盖茂密的植被。山中流淌有杨柳泉，石壁之间建有叠石塔。山中有隆昌寺，又名宝华寺，是律宗祖庭所在。寺院主建筑群位于山中的台层上，入口为单门，两边为八字墙，入内以廊庑隔成小合院，后方有一座铜殿。图版中寺院右下方石壁之间有宽阔的台层，有戒公井、戒公池、六边形莲池等（图7-2-3-34）。

　　自第四十八图"栖霞寺"开始，图像主题转为江宁府的园林名胜。栖霞寺位于栖霞山中峰山麓，北临长江，始建于南齐永明年间（483—493）。第四十八图"栖霞寺"对栖霞寺建筑描绘较为粗糙，主要还是表现了栖霞山整体的风景名胜。寺院由山门进入，门内有牙池与唐高宗时期所制的唐碑。过牙池为主体殿区，前有三会殿，大殿后有舍利塔，山崖下建有无量殿。进山通道自此分为两股，向东可至东峰与白鹿泉，向西可至珍珠泉、万松山房，以及挹珠庵、观音庵、德云庵和西峰（图7-2-3-35）。

　　第四十九图"栖霞行宫"，是乾隆巡幸栖霞山的驻跸处。栖霞行宫位于栖霞山山坡上，建筑依山势而布局。宫门前有春雨桥，入宫门一侧有三座跨院，分别建有武夷一曲精庐、太古堂和春雨山房，建筑背后的石崖中流淌着白鹿泉。白鹿泉上沿石阶可到达话山亭，有凌云意轩和石梁精舍。主体行宫区位于稍高的台层上，以廊庑围合成三座回院。回院后廊庑沿石梁而上，可至夕佳楼。山中多石，姿态万千，林木苍翠，尤以松树居多，石壁前种有竹丛（图7-2-3-36）。

图 7-2-3-35 （清）《南巡盛典》—《栖霞寺》

图 7-2-3-36 （清）《南巡盛典》—《栖霞行宫》

第五十图"玲峰池"，位于栖霞山中峰中。该图像虽以池为名，然则主要表现池体四周的山景，故可划入名山类图像。池面甚小，在图像中几乎难以辨认。池边建有景亭，周围山石嶙峋，远处依稀可见玉冠峰，山巅上建有畅观亭。山石之间植被葱郁，以松树为多（图7-2-3-37）。

第五十一图"紫峰阁"，位于栖霞山中峰山麓，是栖霞山的一处景点，图像虽以阁命名，然则表现的是栖霞山中一处景观，故划入名山类图像。图中紫峰阁位于山脚下，临山泉池沼，东通蹬道可登山巅，西侧为无量殿和舍利塔。山中石壁嶙峋，多苍松翠柳，山顶有御碑亭，远处依稀可见玉冠峰（图7-2-3-38）。

第五十二图"万松山房"，位于栖霞山中峰山中。图中，万松山房建筑群位于坡中平台上，主体建筑高两层，四周出廊，以廊庑山榭绕其间，形成错落有致的小合院。园后有观音阁。山房四周多松林，四季皆绿（图7-2-3-39）。

第五十三图"天开岩"，位于中峰一侧，以奇石取胜。图中天开岩实为巨大的石壁，造型峭拔，壁上有多处古人的石刻题字。岩下有山涧流淌，池中有天然岛矶，临池有河亭，池边建有敞厅，敞厅后为小书房。敞厅对岸为禹王碑亭，两侧伸出廊庑，围合成中院（图7-2-3-40）。

"幽居庵"与"德云庵"分别为第五十四幅和第五十六幅图像。两者均是栖霞山中庵房的名称，位置均靠近西峰。两庵建筑数量较少，布局简约，选址非常注重环境因素。图中对建筑也并未做详细描绘，而是重点表现了周围的环境特色，将建筑融汇于山野景观之中。幽居庵建筑较为分散，庵内峰石林立，行走路线贯穿于石丛之中，有曲径通幽之感（图7-2-3-41）。德云庵建筑较为紧凑，门前为桃花涧，周围有茂密的竹林与巨松。

图7-2-3-37　（清）《南巡盛典》—《玲峰池》

图 7-2-3-38 （清）《南巡盛典》—《紫峰阁》

图 7-2-3-39 （清）《南巡盛典》—《万松山房》

图 7-2-3-40 （清）《南巡盛典》—《天开岩》

图 7-2-3-41 （清）《南巡盛典》—《幽居庵》

第五十五图"叠浪崖",位于西峰一侧,因奇石层叠,如海浪一般,故名叠浪崖。图中主要表现了叠浪崖的嶙峋乱石和奇峭石壁,一条山涧在石谷间流淌,涧上小拱桥可通向山中的景亭。图像右侧显示有建筑群,主体建筑为两层高、五开间的见山楼,楼前为观景高台,楼后丛林中有石塔,两侧以廊庑围合成院。见山楼右侧为跨院,并无明显的建筑(图7-2-3-42)。

第五十七图"珍珠泉"为栖霞山中的名泉。图中珍珠泉泉眼位于右侧图版中央,池边环以山石。因泉水涌出,飞溅于石壁上,洒落成珍珠似的水滴,故得名珍珠泉。泉水前后有竹林,有蹬道自竹丛间出,汇于泉边,形成赏泉空间。稍远处蹬道往复萦绕于石壁与植物之间。泉右侧高台上有前后两进院落,院内有三栋主体建筑,应为赏泉时的休憩处(图7-2-3-43)。

第五十八图"彩虹明镜",为栖霞寺内的池沼,位于三会殿西侧唐碑前,因泉水散漫流淌,故掘池汇水,池水直通桃花涧。图中,彩虹明镜处于图版中心,四周岸线曲折,植被丰富,种有大量的松、柳、竹,池西岸边建有练影堂与数栋亭榭。池中有两岛,中岛较大,石矶护岸,与西岸以廊榭相连,与东岸以灞桥相通。南岛稍小,岛上有亭。灞桥东端建有三开间牌坊,是从栖霞寺山门进入彩虹明镜的主入口(图7-2-3-44)。

第五十九图"燕子矶",位于江宁府观音门外,是观音山的支脉,因绝崖峭立,自江中看形如飞燕,故名燕子矶。图中燕子矶临江而立,崖下长江之水波澜壮阔、汹涌澎湃,数艘旅船避于燕子矶下。峰顶制高点处有俯江亭,可纵览长江天险。矶上砌有高台,台基上有关帝庙和数栋房宇。图像右下角石壁下有观音阁和永济寺,寺门和主要建筑群位于石壁下、江岸边的平坦处,部分建筑群贴石壁而建于高台上,增天险之感(图7-2-3-45)。

图 7-2-3-42　(清)《南巡盛典》—《叠浪崖》

图 7-2-3-43 （清）《南巡盛典》—《珍珠泉》

图 7-2-3-44 （清）《南巡盛典》—《彩虹明镜》

第六十图"后湖",位于江宁府太平门外,又名秣陵湖、练湖、昆明池,是金陵名湖。图中后湖湖面水波平静,湖中有五座洲岛,分别标注为麟洲、趾洲、老洲、新洲、长洲。环湖有土堤,洲岛与堤岸上植被丰富,建筑稀疏。近处有一处建筑,为游湖时的休憩处。对岸可见城墙与太平门,城墙外隐约可见鸡鸣寺寺塔与北极阁(图7-2-3-46)。

图 7-2-3-45 （清）《南巡盛典》一《燕子矶》

图 7-2-3-46 （清）《南巡盛典》一《后湖》

第六十一图"江宁行宫"，位于原江宁织造府。图中未表现周围环境的特征，以平面、立面结合的方式描绘了行宫布局和建筑式样。江宁行宫采取了典型的宫苑分置格局。宫区主要有三路，中路建筑依次为大宫门、二宫门、前殿、中殿、寝宫、照房，东路建筑主要为执事房，西路为朝房、便殿、寝宫，朝房西侧跨院内建有茶膳房。茶膳房以北及以西为休闲娱乐区域，包括三个功能区。紧靠茶膳房北侧的为看戏区，建有戏台和便殿。茶膳房西侧为演武区，内有箭亭。看戏区北为园林区，园内有大池沼，池中有水阁，池岸以湖石砌筑，四周以廊庑围合，种植植物种类丰富（图 7-2-3-47）。

第六十二图"报恩寺"，位于南京聚宝门外，原为东吴时期的建初寺，寺内建有阿育王塔，皆为江南最早的寺塔。晋朝时期复建，名曰长干寺，塔中放入舍利子。北宋时期，塔内放入唐朝玄奘大师舍利子，天禧年间（1017—1021）再度重建，改名天禧寺。明永乐年间（1403—1424）再度重建，改名为大报恩寺，寺塔增至九级。清康熙年间（1662—1722）再度重修。"报恩寺"图中寺门开在入城大道边，四周民居林立。寺院形制严整、建筑恢宏。山门之后为方池，池上架桥，过桥中轴线上数栋殿宇，均为佛殿形制，歇山屋顶。主殿为重檐歇山顶，殿后为阿育王塔（图 7-2-3-48）。

第六十三图"雨花台"，位于城南聚宝门外聚宝山东麓，南朝梁武帝时期云光法师在此开坛讲经，花落如雨，故名"雨花台"。图中雨花台山势不高，山顶有观景台，重檐歇山顶造型。登台可遥瞰大江东去、灯火万家。蹬道边有御诗亭，山麓有多栋堂宇，入山口处建有三开间牌坊。坡下植被葱郁，然而山顶植被不生（图 7-2-3-49）。

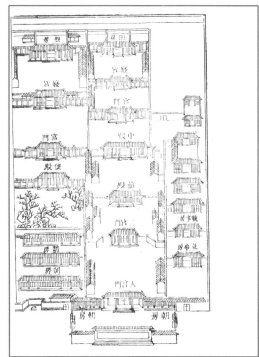

图 7-2-3-47　（清）《南巡盛典》—《江宁行宫》

图 7-2-3-48 （清）《南巡盛典》—《报恩寺》

图 7-2-3-49 （清）《南巡盛典》—《雨花台》

第六十四图"朝天宫"，位于金陵冶山，原为吴王夫差和东吴孙权铸造兵器处，东晋时期在此建冶城寺，南朝以后逐渐成为道教圣地，宋代建天庆观，明代改为朝天宫，成为道教中心与演习朝拜礼仪的地方。"朝天宫"图中，宫门开在东侧道路边，宫内建筑采取三路多进格局，中路轴线上核心建筑依次为神君殿、三清殿、玉皇阁，均为重檐歇山顶，建筑等级很高。东西两路有多重廊庑与侧院，周围民居林立（图7-2-3-50）。

第六十五图"清凉山"，位于清江宁府城西北角，屹立于江边，乃兵家险要之地。图中清凉山以长江为背景，山下临江处建有石头城，是重要的屯兵场所。山巅较为空旷，建有翠微亭和休憩处。山麓清凉古寺，原名兴教寺，是法眼宗祖庭所在。图中清凉寺建筑恢宏，山门开三卷拱门，主建筑均为重檐歇山顶，形制庄严，轴线末端为两层高、面阔五间的藏书楼。清凉寺左侧有扫叶楼建筑群。扫叶楼高两层，为明末清初金陵画家龚贤的居所。寺、楼周围植被丰富，环境清幽（图7-2-3-51）。

第六十六图"鸡鸣山"，位于江宁府城东北，北临玄武湖。图中鸡鸣山以玄武湖为背景。山体分为两岭，东岭较低，依山坡建有鸡鸣寺。鸡鸣寺寺门面东，与上山蹬道相接。过山门后轴线转为南北方向，主体建筑坐北朝南，层层递高。山顶三座合院，中间塔院内矗立一座志公塔。西岭较高，岭上院墙围合成院，院中临水处建有高台，台上建有旷观亭，是观赏玄武湖景致的制高点（图7-2-3-52）。

第六十七图"灵谷寺"，位于金陵城东钟山东南麓，原名道林寺，后改称为"灵谷寺"。图中寺院的背景为钟山山脉，寺周围青松林立，环境幽静。山门位于山脚下溪涧旁，门前有放生池。入山门后有无量殿、琵琶街、功德水池，殿宇逐渐升高，殿后矗立一座志公塔（图7-2-3-53）。

图 7-2-3-50　（清）《南巡盛典》—《朝天宫》

图 7-2-3-51 （清）《南巡盛典》—《清凉山》

图 7-2-3-52 （清）《南巡盛典》—《鸡鸣山》

第六十八图 "牛首山"，位于江宁府城南，又名天阙山。图中牛首山临江而立，山中植被茂盛、种类繁多。宏觉寺依山而建，入口蹬道达数百级石阶，两侧种满了杉树、桧树。山坡平坦处辟为台层，建筑较为集中，沿蹬道建有白云楼；塔有两座，较低的为辟支塔，较高的为弘觉寺塔。山中另有龙王泉、文殊洞等胜地（图 7-2-3-54）。

图 7-2-3-53 （清）《南巡盛典》一《灵谷寺》

图 7-2-3-54 （清）《南巡盛典》一《牛首山》

第六十九图"祖堂山"位于牛首山南，刘宋时期曾建有幽栖寺，南唐二陵亦选址于此。唐代法融禅师在此开宗立派，以此山为祖庭，故称祖堂山。图中祖堂山山势连绵，虽无奇峰，然气势磅礴、林木密集、景致幽然。山中有花岩寺，始建于明代。寺院形制规整，自山门入内可见月形池，池上架桥，过桥登石阶即进入主建筑群。建筑群按照中轴对称格局布置，前后三进院落，两侧各有一座跨院。石崖下有祖师洞，是法融禅师修习之处（图 7-2-3-55）。

图 7-2-3-55　（清）《南巡盛典》一《祖堂山》

图 7-2-3-56　（清）《南巡盛典》一《云龙山》

第七十图"云龙山"，位于徐州府城南，因山中刻有大石佛，故又称为石佛山。图中云龙山山势陡峻，多奇石峭壁。山下平坦处与华佗庙、龙王庙相邻处建有行宫设施，为乾隆驻跸之处。山麓黄茅冈上建有书院建筑群。山坡另一侧依山建有东岳庙、大佛寺，山顶平台上有放鹤亭，为隐士张天骥放鹤处，苏轼曾为之写有《放鹤亭记》（图7-2-3-56）。

四、浙江境内的图像

浙江境内图像自"烟雨楼"开始。烟雨楼位于嘉兴府城外南湖中。"烟雨楼"一图显示，碧波荡漾的湖中有一座洲岛，其中主体建筑即为烟雨楼。烟雨楼高两层，面阔五间，重檐歇山顶，造型精美。烟雨楼前后以院墙和廊庑围合，形成前后院。前院顶端建有一座平台屋，面阔三间，屋顶为观景平台。烟雨楼一侧有跨院，前后两进，以游廊围合，主建筑为凝碧阁。岛前有钓鳌矶，入口位于右侧平台（图7-2-4-1）。

浙江境内第二图为"杭州府行宫"。杭州府行宫位于涌金门内太平坊，原为织造府所在，康熙也曾驻跸于此。图中行宫设施分三路，中路为大宫门、二宫门、前殿、后殿，后殿之后过垂花门为寝宫；左路前为茶膳房，茶膳房以北经过夹院和垂花门可至便殿、戏殿；右路依次为茶膳房、宫门、大殿，殿北为小回院，院内为寝宫（图7-2-4-2）。

第三图"西湖行宫"，位于西湖北岸孤山南坡上，可观览西湖胜景，景观绝佳。图中北半部为苑林，以宫墙围合，植被丰富，有一池贮月泉。主要园林建筑有瞰碧楼、云岫楼、玉兰馆、四照亭等，或者单置，或者以廊庑相连。行宫区位于南半部分，规模宏大，其间以夹道相隔分成两个区

图 7-2-4-1　（清）《南巡盛典》—《烟雨楼》

西区主要有四路建筑。中路为大宫门、二宫门、正殿、寝殿、照房，东路为宫门、垂花门、正殿、寝殿、照房，西路为休闲区，有便殿、戏台、月波云岫楼，西路西侧隔着一处演武场还有一路建筑，主要为阿哥所，即皇子居住的地方。东区的中心建筑群为圣因寺，内有天王殿、佛殿与澄观斋，其西侧跨院有观音殿和罗汉殿，东侧建有西湖山房、揽胜斋、春秋阁等观景建筑，以院墙、廊庑分隔成数座方院（图7-2-4-3）。

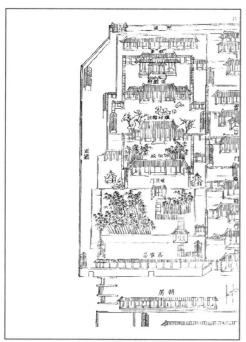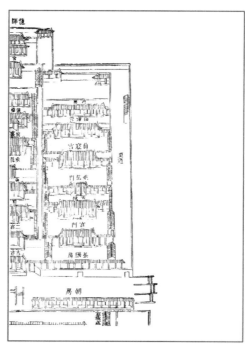

图7-2-4-2　（清）《南巡盛典》—《杭州府行宫》

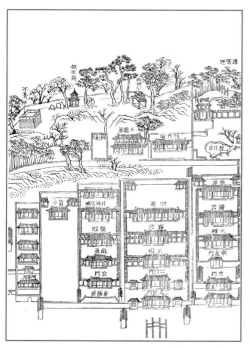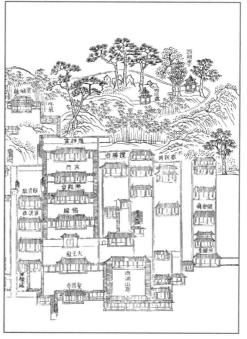

图7-2-4-3　（清）《南巡盛典》—《西湖行宫》

第四图至第二十六图主要为西湖、钱塘诸景。"苏堤春晓"至"断桥残雪"描绘的为南宋时期形成的"西湖十景",每景一图。"湖心平眺""吴山大观""湖山春社""梅林归鹤""玉泉鱼跃""玉带晴虹""天竺香市""蕉石鸣琴""韬光观海"均为清代西湖十八景中的景致。"浙江秋涛""冷泉猿啸"为"钱塘八景"中的景观。

"苏堤春晓"图中,远处为湖山之景,近处湖面中苏堤横跨左右,堤上花木繁盛,右侧有单孔石拱桥"压堤桥",中间有御书楼和曙霞亭。苏堤为苏轼所建,沟通西湖南北岸,康熙巡幸至此,赐名"苏堤春晓"(图7-2-4-4)。

"柳浪闻莺"位于涌金门外,自宋代起沿堤多种柳树,并建有柳浪桥。图中西湖沿岸柳浪滚滚,中间有一座临水平台,台上环绕以院墙、廊庑,前有座落,后有御书亭,台前端以石拱桥与御书楼相连(图7-2-4-5)。

"花港观鱼"位于西湖西南,因西山花家山溪流在此流入西湖,溪涧旁花丛锦簇,称为"花港",后开凿鱼池,养鱼甚多,形成一景。图中背景为西山,中间有以回廊围合的院落,回廊临水应为赏鱼之处。院前建有御书楼,内置康熙题字。前有定香桥,可至苏堤(图7-2-4-6)。

"曲院风荷"位于西湖西北,宋代起在此引金沙涧水酿酒,池中多种荷花,成为西湖一景。图中背景为西湖西山,前有临水小院,院内有聚景楼、望春楼,两楼以游廊相连。院内多湖石假山,植被葱郁,临水处以栏杆绕以平台,水中有荷花。望春楼实为水阁,前通洲岛,架有跨虹桥(图7-2-4-7)。

"双峰插云"一图中,西湖湖边南高峰和北高峰有冲天之势,山中云雾缭绕,仿佛插入云霄之中。近景湖岸边松林茂密,环境清幽。前有一座圆台,台上建有御碑亭(图7-2-4-8)。

图7-2-4-4　(清)《南巡盛典》—《苏堤春晓》

图 7-2-4-5　（清）《南巡盛典》—《柳浪闻莺》

图 7-2-4-6　（清）《南巡盛典》—《花港观鱼》

图 7-2-4-7 （清）《南巡盛典》—《曲院风荷》

图 7-2-4-8 （清）《南巡盛典》—《双峰插云》

"雷峰夕照"一图中，以西湖和群山为背景。湖边凸起一座山峰，峰上有雷峰塔。雷峰塔始建于五代时期，图中该塔塔身生长有一些植被，充满着岁月沧桑感。塔旁有一座御碑亭（图7-2-4-9）。

"三潭印月"是湖中心的小岛，名为小瀛洲。图中一座洲岛位于西湖碧波之中，岛上植被丰富。岛中又有大池，池中沿轴线布置主要建筑。入口处有三开间牌坊，牌坊边有以廊庑与隔墙围合的御碑亭，另一边为座落。过牌坊后为折桥，桥通水阁，水阁后过折桥可至中心合院。合院内有前后三栋厅堂。主院两侧伸出廊庑，架于池上，与洲岛边路相连。主院后为放生池，池中亦有水阁。岛后水中有三座石塔，塔身有洞，成为三潭印月一景（图7-2-4-10）。

"平湖秋月"位于孤山南，三面临水，远望西湖诸山，是观赏湖景和赏月的最佳处。图中西湖曲岸边凸出一座平台，台上以廊庑围合，中心建有望月楼。望月楼高两层，底层形状较不规则，类似于平台，二层面阔三间，歇山顶，装饰精美。楼后为座落。岸边植被密集，自然生态，上空悬有一轮圆月（图7-2-4-11）。

"南屏晚钟"指的是南屏山净慈寺钟声。图中众山环抱之中，净慈寺依山麓而建。山门开三卷门，两侧为八字墙，门前为御诗亭。山门后主轴线上依次有数座佛殿，逐层升高，轴线末端最高处建有藏经楼和望湖亭，亭前空地上有御碑亭。轴线一侧为跨院，跨院内为休憩处，后部有关帝庙（图7-2-4-12）。

"断桥残雪"是西湖北部白堤的起点，原名宝佑桥。图中断桥位于画面的近景位置，造型为单孔石拱桥，桥上有一座重檐四方桥亭。桥后为北里湖和宝石山，山上有保俶塔和来凤亭。断桥无栏杆，一端架于岸边，靠近御碑亭，另一端与白堤相连（图7-2-4-13）。

图 7-2-4-9 （清）《南巡盛典》一《雷峰夕照》

图 7-2-4-10 （清）《南巡盛典》—《三潭印月》

图 7-2-4-11 （清）《南巡盛典》—《平湖秋月》

图 7-2-4-12 （清）《南巡盛典》—《南屏晚钟》

图 7-2-4-13 （清）《南巡盛典》—《断桥残雪》

"湖心远眺"图中碧波之中有一湖中岛，岛中以廊庑围合成合院，合院内有御书楼，院外围环绕临水平台，种有数株柳树。平台左侧向湖面延伸，端头为一座重檐攒尖顶水阁（图7-2-4-14）。

　　"吴山大观"位于紫阳山。左侧图版山岭上建有大观台。大观台为一处观景台，但是四周以墙体围合，院中有重檐四方亭，院后有一主两次三座建筑。右侧图版山中台层上前有巫山十二峰小院，后有龙神庙，均以院墙围合成院。此处可左看钱塘江，右望西湖，山下不远处为密集的民居（图7-2-4-15）。

　　"湖山春社"位于栖霞山南、金沙涧北，有泉水自栖霞山而来。图中湖山春社以栖霞山为背景，前面临湖，建筑分为两区。东区为湖山神庙，建于雍正九年（1731），四周以回廊围合，形成前后三进院落。西侧紧邻竹素园，园内有池涧，池边建有水月亭，院内另有聚景楼、临花舫等建筑。湖岸边有桃树、垂柳，院后有松林（图7-2-4-16）。

　　第十七图"浙江秋涛"所绘即钱塘观潮，浙江即钱塘江，清代又名曲江。图中钱塘江碧浪滚滚、大潮将至，江边有圆形高台，台上前有海神庙，后有观潮楼，两侧绕以隔墙和廊庑，隔墙中开有两座栅栏门（图7-2-4-17）。

　　第十八图"梅林归鹤"位于孤山。图中前为西湖，后为孤山，山形峻峭，山麓有一处园林，园中多湖石假山，曲折有致。园后有巢居阁，前方临水处有放鹤亭。放鹤亭立于台基上，以折桥与岸边相连。此处相传为宋代隐士林逋之隐居种梅放鹤处，附近多梅树（图7-2-4-18）。

图7-2-4-14　（清）《南巡盛典》一《湖心远眺》

图 7-2-4-15　（清)《南巡盛典》—《吴山大观》

图 7-2-4-16　（清)《南巡盛典》—《湖山春社》

图 7-2-4-17 （清）《南巡盛典》—《浙江秋涛》

图 7-2-4-18 （清）《南巡盛典》—《梅林归鹤》

第十九图"玉泉鱼跃"位于清涟寺中。图中清涟寺背倚西山、前临溪流，流水自西山而来，在寺内形成方沼，名为玉泉。寺院建筑形制工整，主体殿宇沿轴线自低向高排列，两侧环以廊庑。玉泉位于入口后的跨院内，环池均为水廊，水中养鱼，见人不惊（图7-2-4-19）。

第二十图"玉带晴虹"描绘的为玉带桥附近景致。图中玉带桥位于金沙堤上，桥上建有重檐四方桥亭，桥下涵洞可通水。自玉带桥向东可至苏堤，向西过牌坊可至关帝庙。关帝庙山门前有小池，两边为八字墙，以廊庑环绕形成前后两进合院。紧邻关帝庙的侧院后部建有望湖楼。侧院西侧又辟有园林，园内挖有池沼，环以亭榭，花木繁盛（图7-2-4-20）。

第二十一图"天竺香市"。图中在白云峰、月桂峰、中印峰和乳宝峰环绕之中，自山麓向上有三座寺院，分别为下天竺法镜寺、中天竺法净寺、上天竺法喜寺。每年春季香客云集成市、热闹非凡，称为"天竺香市"（图7-2-4-21）。

第二十二图"云栖寺"位于杭州钱塘江边，原为北宋时期吴越王所建，曾名"栖真院"。图中并未着眼于描绘云栖寺全貌，而是以大幅画面表现了寺院周围的山林环境，烘托出丛林宝刹的意境。山中植被茂盛，山涧流淌，一条山道隐隐约约在竹林之间穿行，直达山中的云栖寺主院。道边建有洗心亭，为游人休憩之处（图7-2-4-22）。

第二十三图"蕉石鸣琴"位于丁家山。图中丁家山立于西湖西岸，山前有码头，建有三开间牌坊。过牌坊山道一侧小合院内为慈悲庵。山峰上奇石耸立，状如芭蕉叶，石前建有蕉石山房。石壁之间隐含景亭。山壁巨石形态如屏风，故称为"蕉屏"（图7-2-4-23）。

图7-2-4-19　（清）《南巡盛典》—《玉泉鱼跃》

图 7-2-4-20 （清）《南巡盛典》—《玉带晴虹》

图 7-2-4-21 （清）《南巡盛典》—《天竺香市》

图 7-2-4-22 （清）《南巡盛典》—《云栖寺》

图 7-2-4-23 （清）《南巡盛典》—《蕉石鸣琴》

第二十四图"冷泉猿啸"位于云林寺山门外。图中云林寺外矗立有飞来峰，另一山峰隐约可见理公塔。飞来峰奇石峭拔，石壁下清泉流出，池边建有冷泉亭。水边有呼猿洞，相传在洞中呼啸可引猿（图7-2-4-24）。

第二十五图"敷文书院"位于凤凰山万松岭上。图中山中多松，左侧为江，右侧为湖。书院建筑规整，采取中轴对称布局。主要建筑排列于轴线上，层层递高，两侧以廊庑围合。院外山巅平台上建有魁星阁和御书亭。此书院为清朝皇帝南巡在杭州选拔人才的地方（图7-2-4-25）。

第二十六图"韬光观海"位于云林寺西、北高峰南坡。图中北高峰山麓山径曲折，多松林丛竹，景致通幽。依山坡建有韬光寺，寺院建筑依山布局，并非严格按照传统寺院形制建造。寺院高处为观赏钱塘大潮的佳处（图7-2-4-26）。

第二十七图"北高峰"位于云林寺后，为西湖诸峰最高处。图中蹬道往复，石阶数百，往复回转达三十六弯。山中蹬道边有半山亭，可作为游人休憩处。山巅建有休息处和观景建筑。登峰顶可俯瞰西湖全景，一览无余（图7-2-4-27）。

第二十八图"云林寺"位于北高峰下，又名灵隐寺，始建于东晋年间。历代帝王屡次修葺该寺，康熙南巡时赐名"云林禅寺"。图中云林寺背倚北高峰，寺院基地较为空旷，建筑法相庄严、功能完整。自山门进入，殿宇随着地势增高不断抬升。中路两侧有多座跨院禅房，植被掩映，尤以松、竹居多（图7-2-4-28）。

第二十九图"六和塔"，为杭州名塔，始建于北宋开宝年间（968—975）。图中六和塔矗立于江岸边，塔高七层，各层均有拱洞佛像，精致绝伦。塔底四周围以廊庑，形成塔院。紧邻塔院的为开化寺主院（图7-2-4-29）。

222-223

图 7-2-4-24 （清）《南巡盛典》—《冷泉猿啸》

图 7-2-4-25 （清）《南巡盛典》—《敷文书院》

图 7-2-4-26 （清）《南巡盛典》—《韬光观海》

图 7-2-4-27　（清）《南巡盛典》—《北高峰》

图 7-2-4-28　（清）《南巡盛典》—《云林寺》

第三十图"昭庆寺"始建于北宋乾德五年（967），原为吴越王所建的菩提院。北宋太平兴国三年（978），增建戒坛。图中昭庆寺入口位于西湖边，山门前有放生池，门后依次建有佛殿与戒坛。主建筑西侧有多座跨院，院内建有禅房、座落、精舍。四周林木掩映，地势较为平坦，背景为微微隆起的山脉（图7-2-4-30）。

图 7-2-4-29　（清）《南巡盛典》—《六和塔》

图 7-2-4-30　（清）《南巡盛典》—《昭庆寺》

第三十一图"理安寺"位于南山十八涧，原名法雨寺。图中寺院周围山势崇峻、植被苍郁、山涧横流。涧水上建有鹤涧桥，桥头有休憩亭。山路沿坡曲折而上，通向竹林掩映中的理安寺山门。寺院基本呈中轴对称格局，以庑廊围合成多进合院。竹林青松之间有法雨泉（图7-2-4-31）。

第三十二图"虎跑泉"位于大悲山。图中丛林石壁之间泉水流淌，汇成池沼。池上架有单孔平石桥，桥端建有含晖亭。亭后山道往复，尽头隐约可见虎跑寺山门。图版左侧石壁环绕一处高台，台上建筑规整、井然有秩，应为皇帝在此休憩的场所（图7-2-4-32）。

第三十三图"水乐洞"位于烟霞岭下。图中烟霞岭奇石峭壁之间有水乐洞，洞内冬暖夏凉，有泉水流淌而出，汇成山涧。泉边建有听泉亭。洞边竹林掩映之间可见僧舍（图7-2-4-33）。

第三十四图"宗阳宫"原为宋高宗的德寿宫，后改为重华宫、宗阳宫。此处原为南宋内苑，宋高宗在此凿池引水、叠石筑山，营造亭台观榭。元明时期逐渐荒芜。图中宗阳宫显示为规整的寺观格局，建筑按照左中右三路布局，前后院墙隔离成多进方院。山门面阔三间，两边耳房也面阔三间，耳房两侧伸出八字墙。内部建筑多为三开间，唯有左路建筑开间较多，并筑有"一丈峰"假山（图7-2-4-34）。

第三十五图"小有天园"位于南屏山慧日峰下，清初汪之萼的别墅园，乾隆赐名"小有天园"。[①]园入口位于湖边的码头。图中园林分为两部分，其间以廊庑间隔。右部分为三栋建筑，布局较为规整，极有可能是休憩建筑。左部分山泉汇成池沼，形态极美，称为"小西湖"。池岸曲折，间杂以石砌驳岸、湖石假山和丰富的植被，建筑依托岸线布置，形态生动。主体建筑为临水的重檐水阁，以游廊与水亭、楼阁相连。水中石矶形成中岛，四周绕以篱笆墙。沿蹬道上山可至南山亭、望湖亭和御碑亭，登亭可俯瞰西湖胜景（图7-2-4-35）。

图7-2-4-31　（清）《南巡盛典》一《理安寺》

①（清）翟灏，翟瀚：《湖山便览》卷七，上海：上海古籍出版社，1998年。

图 7-2-4-32 （清）《南巡盛典》—《虎跑泉》

图 7-2-4-33 （清）《南巡盛典》—《水乐洞》

图 7-2-4-34 （清）《南巡盛典》一《宗阳宫》

图 7-2-4-35 （清）《南巡盛典》一《小有天园》

第三十六图"法云寺",位于杭州赤山,与灵隐寺甚近,原名慧因禅寺,又因曾有高丽王子献法华经三百部于此,而称为高丽寺。乾隆二十二年(1757)御赐名为法云寺。图中寺院隐于崇峰峻岭之间,入口临宽阔的溪涧,需要过桥而入。寺内建筑表现较为简略,可见院墙隔成数座方院。寺外则溪流潺潺,植被苍翠(图7-2-4-36)。

第三十七图"瑞石洞",位于瑞石山。图中瑞石山实为石头山,石间生长有一些植被。入山口处建有牌坊,沿蹬道盘旋而上经过观音洞、寿星石、芙蓉石。瑞石洞洞顶建有蓬莱阁,洞旁有飞来石,石崖之间建有一些轩、楼等观景建筑和游山廊道(图7-2-4-37)。

第三十八图"黄山积翠",位于栖霞岭北麓。图中山石嶙峋、植被葱郁。图版左侧石峰之下有紫云洞,洞口建有道场。山脚有白沙泉,泉后山坡上建有寺院,寺后石壁间是黄龙洞所在(图7-2-4-38)。

第三十九图"留余山居",位于杭州南高峰北麓,为陶骥的别墅园。[1]图中南高峰山石峭拔、植被丰富,园墅依山而建。入口位于山脚,与上山蹬道相接。主建筑留余山居位于入口一侧的高台上,面阔三间、歇山顶,前有竹林、巨松。入口后石壁下有池沼,池边高台上建有龙泉亭。龙泉亭背倚石崖,后侧有蹬道通向山顶。山顶建有望湖楼、望江亭,望江亭一侧与爬山廊相接,可通向半山景亭。此园蹬道循环往复,高差较大,具有很好的观景视觉廊道,是观赏西湖的重要景点(图7-2-4-39)。

第四十图"漪园",位于雷峰夕照亭下,明代曾为白云庵,雍正年间汪献珍购得此园,加以扩建与改建。乾隆帝于乾隆二十二年(1757)巡幸于此,赐名"漪园"。[2]图中漪园临西湖而建,地形后高前低,略有起伏。园中引西湖水入园形成大池,环池以亭廊水阁,池后平坦处有两座合院。一

图7-2-4-36 (清)《南巡盛典》—《法云寺》

①《湖山便览》卷八。
②《湖山便览》卷七。

图 7-2-4-37 （清）《南巡盛典》—《瑞石洞》

图 7-2-4-38 （清）《南巡盛典》—《黄山积翠》

座呈条状，与入口大门相通，为园内主院，院内有五开间的厅堂。另一处为跨院，周边围合以廊榭，院内有置石假山。前方水口处建有水闸，便于控制园内水位，水闸上建有观水亭。院内植有梅树，建筑背面以竹林遮挡视线，植被丰富，配置有度（图7-2-4-40）。

图 7-2-4-39　（清）《南巡盛典》—《留余山居》

图 7-2-4-40　（清）《南巡盛典》—《漪园》

第四十一图"吟香别业"，位于西湖北岸孤山放鹤亭南，背倚孤山，面朝西湖。图中吟香别业位于临湖的台地上，园中有广庭，其中矗立重檐大亭。原浙江巡抚范承漠升任福建总督，离开杭州时以白居易的诗句"未能抛得杭州去，一半勾留是此湖"为意，刻"勾留处"三字于湖心亭中，后移字于此亭中。[1] 中庭四周建有多座建筑，其间或以廊庑相接，或夹杂以竹林植被和置石假山。庭园左侧为孤山，山麓植有松树、梅树和茂密的竹林，植物间一条登山的蹬道盘旋而上，通向左上方的山亭。勾留处亭前有方池，直抵孤山石壁下，池边建有舫斋与水阁，是观赏西湖美景的佳处（图7-2-4-41）。

第四十二图"龙井"，位于风篁岭。图中山势起伏较缓，龙井位于图版左侧，原名龙泓井，泉口甚小，泉边建有龙井亭，连以廊庑。附近有浴鳞池、双碧轩、翠峰阁等名胜与亭榭建筑。泉水涌出，汇成池沼、山涧。沿平缓的山坡建有丰富的亭榭建筑，其间以竹林、假山间隔，形成园景（图7-2-4-42）。

第四十三图"凤凰山"，位于正阳门外，多奇石，植被葱郁。山巅制高点为赏湖景和江景的佳处。山顶台层上建有澄观台，以院墙围合成院，内有数栋休憩和赏景建筑。山中另有胜果寺，始建于隋代开皇年间（581—600）（图7-2-4-43）。

第四十四图"六一泉"，位于孤山西南。图中临湖岸边为广化寺，寺门面阔三间，门后以廊庑围合成一主一次两院落。主院后为六一泉，泉后为柏堂，两侧伸出廊庑环绕山泉，与主院院墙相接，堂边立有巨柏。跨院后多为竹林（图7-2-4-44）。

第四十五图"大佛寺"，位于钱塘门外石佛山。图中寺院依山面水，周围山石林立，植被丰富。寺院依山势而建，沿水边石阶直上山门，门内为方院，主殿位于高大的台基上，重檐歇山顶。主院一侧有跨院，其内设有僧房（图7-2-4-45）。

图7-2-4-41 （清）《南巡盛典》—《吟香别业》

①《湖山便览》卷二。

图 7-2-4-42 （清)《南巡盛典》—《龙井》

图 7-2-4-43 （清)《南巡盛典》—《凤凰山》

图 7-2-4-44 （清）《南巡盛典》—《六一泉》

图 7-2-4-45 （清）《南巡盛典》—《大佛寺》

第四十六图"安澜园",位于海宁县拱辰门内,原名隅园,是清代大学士陈元龙的私园。乾隆南巡驻跸于此,赐名"安澜园"。图中,安澜园中心有大池,右侧池边有巨大的岛屿,岛上地形平坦,以廊庑围合成数座合院,中院有环碧堂,池边有古藤水榭、烟波风月亭。岛与岸边以折桥和平桥相通。对岸分别建有静明书屋、南涧亭,以及种满梅树的天香坞。各建筑多以游廊相连,水边多水阁、水榭,廊榭往复曲折,湖石假山与竹丛配置有度,形成宏大而精美的私家园林景观(图 7-2-4-46)。

第四十七图"镇海塔院",位于海宁县春熙门外,明代曾名占鳌塔。图中镇海塔面朝汹涌的海水,塔基较高,绕以栏杆,塔身高达七级,四面各层皆挖有拱洞。塔边有叠级而上的平台,登台可观赏海潮。塔前为寺院的合院,形成前寺后塔的格局(图 7-2-4-47)。

第四十八图"禹陵",位于会稽山下。图中会稽山峰峦奇秀,山麓建有禹陵碑、禹庙。禹庙前后数进,形态规整,四周多松树。沿山道登顶可见定石亭(图 7-2-4-48)。

第四十九图"南镇",位于会稽县城南。图中以会稽山和天柱峰为背景。山麓建有南镇庙。入口为棂星门,门后以廊庑围合成前后两进院落。庙内主殿位于中轴线上,建筑形制严整、造型恢宏。庙内外多松树(图 7-2-4-49)。

第五十图"兰亭",位于会稽山北、县城西,为晋人王羲之修契之处,文人雅集于此,成为历代名胜。图中兰亭周围植被葱郁、花木繁盛,环境清幽。涧水自山中流出,涧旁兰亭为重檐歇山顶、四面出廊,亭前有临水平台,亭后有御碑亭。四周植被以松、竹、梅为多(图 7-2-4-50)。

图 7-2-4-46　(清)《南巡盛典》—《安澜园》

图 7-2-4-47　（清）《南巡盛典》—《镇海塔院》

图 7-2-4-48　（清）《南巡盛典》—《禹陵》

图 7-2-4-49 （清）《南巡盛典》—《南镇》

图 7-2-4-50 （清）《南巡盛典》—《兰亭》

第三节 《南巡盛典》图像要素分析

一、建筑图像

虽然同为宫廷版画，但是在建筑主体的表现方面，《南巡盛典》"名胜篇"各图显然不如《御制避暑山庄三十六景图》那样详细。尽管如此，图中对于建筑的基本轮廓、形制和布局表达得较为清晰。由于图像数量较多，且涵盖了从直隶至江浙的园林、寺观、名胜，在种类上几乎囊括了中国园林的所有类型，因此图像中的建筑要素极为丰富。涉及行宫建筑、寺观建筑、园林风景建筑、景观构造物等几大类型。

1. 行宫建筑

以行宫为主题的图像共二十七幅，呈现了二十七处行宫建筑群的基本布局和建筑形态。行宫建筑群在选址上除了考虑交通便利以外，一般尽量靠近名胜景点或者寺观，以利于皇帝游幸。有的行宫紧邻寺观或者园林名胜，与原有的景观建筑进行统一规划，同时在营造行宫过程中对原有的景点设施进行修葺整治。南巡行宫中，依托原有寺观进行营造的行宫有涿州行宫、晏子祠行宫、天宁寺行宫、高旻寺行宫、钱家港行宫；依托名胜名园资源而营建的行宫有紫泉行宫、赵北口行宫、红杏园行宫、绛河行宫、灵岩行宫、岱顶行宫、四贤祠行宫、古泮池行宫、泉林行宫、万松山行宫、郯子花园行宫、龙潭行宫、栖霞行宫、西湖行宫；而不依托景点设置的则有思贤村行宫、太平庄行宫、德州行宫、苏州府行宫、江宁行宫、杭州府行宫。总体来看，依托当地名胜资源建设的行宫数量最多。

在布局上，行宫建筑一般采取规整型配置方式，按照多路多进合院格局进行营造，苑林区按照规制一般配置于后院，形成前宫后苑的格局，如思贤村行宫、太平庄行宫、晏子祠行宫、西湖行宫均为这类布局。但是，因为各地景观资源不同，不可能所有行宫均采取标准型布局。如古泮池行宫，以古泮池为苑林区，位于行宫主建筑南侧。有些行宫本身处于名胜之中，不需重新设置苑林区。

行宫建筑在形制上低于离宫建筑。尤其是南巡驻跸用的行宫，皇帝实际使用较少，建筑等级并不高。在建筑类型上，一般包括主殿、寝殿、照房，辅助建筑有值房、膳房、护卫房等，还有的在宫门前设置军机房以利于处理政务。入口为单独设置的宫门，内院一般采用垂花门。主体建筑一般沿轴线配置，大多为三开间至五开间，屋顶为卷篷顶。

在一些名胜，往往也建有小行宫。这类行宫不具有居住功能，仅是皇帝游幸时使用，因此设施较为简单，往往设置独立的宫门，以院墙围合宫区，内部为观景建筑或者休憩建筑。

2. 寺观建筑

图像中的寺观建筑分为寺院、道观、祠堂三大类。寺院在选址上一般偏好名山大川风景秀美之处，依山而建较多。寺院的建筑形制较为明确，一般采取中轴对称、多路多进、廊庑围合的布局，主要建筑位于中轴线上，入口山门有八字墙，寺内殿宇多采用歇山顶，屋顶有正脊。部分寺院后部设置有塔院，以廊庑围合寺塔。

相对于寺院，图中道观建筑较为简单。道观建筑一般采取中轴对称布局，但是前后进较少，观内主殿较为单一。庙宇祠堂中，孔庙、孟庙规模宏大，采取中轴对称、多进合院格局，其中尤以孔庙建筑数量多，建筑造型风格恢宏壮丽，在中国古代庙宇中无出其右。也有很多祠堂，如四女祠、晏子祠等建筑极少，风格简单朴素。在选址上，道观偏好名山大川风景壮丽之地；庙宇祠堂为了方便人拜祭，选址一般靠近人流交汇处，同时也需要考虑一定的风景因素。

3. 风景建筑

风景建筑主要是为了人们游憩、休闲、观景而建，广泛分布于《南巡盛典》中的图像中。风景建筑类型包括亭、楼、阁、廊、榭、轩、堂等。标注名称的有德州行宫的四明亭、灵岩行宫的巢鹤亭和对松亭、泰岳的养云亭和金星亭、红门的合云亭、岱庙的环咏亭、泉林行宫的泗水源亭、虎丘的望苏亭等。这些亭一般位于观赏风景的佳处，属于景亭，或者具有题咏、纪念的意义。图中多次出现御碑亭。御碑亭是放置皇帝题字、题诗碑文的亭子，往往采用重檐顶，造型精美，庄严大气。图中御碑亭基本位于较为空旷的地方，没有遮挡，突出了其特殊性和重要性，显示了皇权在景观中的存在性。

图中的楼基本是观赏建筑。永济桥的延清楼和揽翠楼、灵岩行宫的爱山楼、万松山行宫的见山楼、锦春园的大观楼、焦山的镇江楼、栖霞行宫的夕佳楼等均属于这一类。楼一般位于较高处，面朝主要的风景。如果是位于建筑群中，则尽量置于后部，以免影响视觉廊道。有的楼因为历史和文化价值，或者突出的形象，则成为观景的视觉焦点，如烟雨楼、太白楼、光岳楼，在图中形象突出，成为图像景域的视觉焦点。图中也有一些御书楼、御诗楼，这类楼阁是皇帝专用，一般布置在行宫内，或者风景名胜中帝王专用的休息区中。御书楼应为皇帝游幸过程中的读书之处，御诗楼则是收藏其诗作的场所。

水阁是建于水中的赏景建筑。江南、浙江的名湖中较多，图中位于西湖的水阁最多，表明西湖的风景开发非常发达，且湖山视觉通道较为通畅。园林、行宫御苑的池中或者池边也有不少水阁；其他建筑，如廊、榭、轩、堂等，是园林中常用建筑，尤其在江南、浙江园林图像中非常普遍。廊榭建筑以扬州园林最为突出，前章已有分析，这里不再深入讨论。

二、山石、水体、植被图像

图像中有丰富的山石要素，可分为山石和园石两大类。山石作为山体的主体构成，是众多名山图像所描绘和表达的主要内容。山东境内山石要素比重较大的主要集中于泰山，江南境内的则集中于金山、焦山、虎丘、灵岩山、支硎山、华山、寒山、宝华山、栖霞山、燕子矶、牛首山、云龙山，浙江境内的则集中于西湖群山和会稽山。

园石是配置于园圃中的石材通常就地取材。自唐宋以来，园圃中采用太湖石者日益增多。从《南巡盛典》各个园囿图像看，很明显，江浙一带的园林中使用假山园石最多，且多为太湖石。其中最突出的为苏州狮子林、沧浪亭及扬州诸园，这表明清朝前期太湖石在名园中使用非常普遍。

《南巡盛典》名胜图像中的水体要素非常突出。主要水体类型有河、江、湖、池、泉、涧、瀑。河流主要指运河，尤其以山东境内和扬州的运河图像要素较多。乾隆南巡主要利用水路，运河是重要的路线，运河沿岸风土人情与名胜也是其重要的视察对象。江包括长江与钱塘江，自"金山"一图开始，出现了较大比重的长江图像要素；"浙江秋涛"则以钱塘江为主景。

湖包括太湖、石湖、后湖、南湖和西湖。太湖位于江南境内，石湖为太湖支流，自"灵岩山"一图开始，直至"上方山"，图像多以太湖为背景，表明太湖之景是重要的观赏对象。后湖位于江宁府。南湖位于浙江嘉兴，是"烟雨楼"一图的背景。西湖是杭州最重要的名胜，在"西湖十景""西湖十八景"诸图中，西湖是必不可少的图像要素。

池泉位于名山、名园、名胜之中，也有名胜因池泉而闻名。图中重点表现的泉池有古泮池、南池、玲峰池、珍珠泉（栖霞山）、彩虹明镜、龙井泉、虎跑泉；重点标注的有卓锡泉、甘露泉、珍珠泉（泉林行宫）、天津泉、杨柳泉等。泉水自山中涌出，形成山涧，同样成为重要的景观要素。图中瀑布较少，著名的为寒山"千尺雪"瀑布。

图像所涉及地域跨直隶、山东、江南、浙江，气候差别甚大，因此植被种类也极为丰富。各图中的植物具有很强的地域性，且形态多样，显示绘者注重表达不同植被的种种形态。出现最多的植物为松树，且从直隶至浙江多幅图像中均出现大量的松树，表明松树种植的普遍性。在"万松山房""万松山行宫"图中，松林成为景观特质。其次，竹子出现也较多，主要出现在江南和浙江的园囿内外和山麓水边。柳树主要栽种于堤岸，在西湖各景图中，柳树成为重要的景观要素。

第四节　《南巡盛典》的视觉呈现分析

《南巡盛典》"名胜"篇插图为木刻版画，由上官周主绘，武英殿刊刻。图像排列按照自北向南顺序，基本以乾隆南巡路线为依据。图版的顺序体现了图像间的地理位置关系。随着插图从前向后翻动，各景图依次呈现，具有很明显的时间先后顺序和空间先后顺序。

以巡游路线为轴线安排景图顺序，同样体现在《平山堂图志》的插图中。然而，《平山堂图志》为多页连式，各图景观可以无缝相接。而南巡各景点距离遥远，显然不能采取多页连式的格式，必须以每个景点为一图。这就吸收了《圆明园四十景图》《御制避暑山庄三十六景图》和《拙政园三十六景图》中每景一图、各图自成景观单元视域的手法。实际上，《南巡盛典》中的图像安排不仅体现了空间与时间上的秩序性，同时也体现了对每张景图、每个景域中心表现的重视。

每幅景图均自成一个景域，有自己的景观中心和视觉焦点。景观中心即为图像表达的核心。各图均采取了较高、较远的视点，尽可能全面地展示各个景观名胜的要素形态。总体来说，对于建筑、植被、水体、山石四大类景观要素，绘者的线条和笔法表达出了各个景观要素的特质。对于单体建筑的表现，其精确性远低于《御制避暑山庄三十六景图》中的建筑形象，但是基本表现出了建筑的形制与形态。对于植被，绘者手法灵活多变，较好地体现了植被的地域性和多样性。对于水体的表现，则具象地绘出了波浪的纹理，而不是留白处理。对于山石要素，绘者手法熟练，对不同的山石纹理和形态表现得较为逼真，体现了类似于地理志书中插图的山石描画方法。

　　总体而言，绘者笔法灵动、视点高远，而刻工忠实地传达出了绘者的笔意。这种笔法并非清廷宫廷园林图像中常采用的工笔画法，而是很明显吸收了文人写意画的笔法。这也很好地说明了乾隆时期宫廷刊刻版画风格的多样化。

第八章 《平山堂图志》中的扬州山水园林

第一节 《平山堂图志》概况

平山堂位于扬州蜀冈，最早建于北宋庆历八年（1048），为欧阳修在扬州任职时所修建。[①]因四周地势低平，站于堂中景观视野开阔，环顾四方，四周的山峰与堂齐平，故得"平山"之名。平山堂在历史上多次重修，为康熙、乾隆两帝南巡驻跸的行宫。[②]

扬州位于南北交通要冲，盐商聚集于此，富甲天下，当地商人与仕宦在城内外营造大量的园林宅邸。为迎接乾隆下江南，当地盐商在瘦西湖两岸修建园林景点，进一步促进了扬州园林名胜的开发。

乾隆三十年（1765），两淮转运使赵之壁编成《平山堂图志》。该书共有十卷，记述了平山堂及其周围，尤其是蜀冈至瘦西湖的园林名胜历史与地理概况。卷首一卷，附《名胜全图》，包含四幅图，图一为《蜀冈保障河全景》，图二为《由城关清梵至蜀冈三峰 再由尺五楼至九峰园》，图三为《迎恩河东岸》，图四为《迎恩河西岸》。除了图一为双页连式以外，其他图均为多页连式。图一有两幅图版，图二有一百一十四幅图版，图三与图四分别有八幅图版，共计一百三十二幅图版。全部插图均为木刻版画，雕工精美，绘画细致，描绘了蜀冈至瘦西湖以及迎恩河两岸的亭台楼阁园林名胜，为清代民间版画代表之作。

第二节 《平山堂图志》的图像描述

图一《蜀冈保障河全景》实为各个景点的位置分布地图。所标注景点基本分布在扬州府城与新城西北，即蜀冈至瘦西湖一带，除蜀冈上景点以外，大部分位于河流两岸或者洲岛上（图8-2-1）。

图二描绘城关清梵至蜀冈三峰，以及尺五楼至九峰园的景观，共一百一十四幅图版，是《平山堂图志》插图的主体。每页一版，景观随着图版自右向左展开。为叙述方便，本节按图版自右向左逐段进行分析。

图版一与图版二为"城关清梵"，位于扬州府城以北。图像中央为慧因寺，背山临水。紧靠驳岸的为两层建筑，二层为游廊，长约五间，底层为开有便门的院墙，便门前有台阶。墙内为主院，左右各有一座跨院。主屋面阔三间，两边各四扇隔扇门。跨院左侧有屋宇数栋，前有重檐四方攒尖顶御碑亭，后有大片竹林，竹林后有香悟亭一座（图8-2-2）。

图版三与图版四为双清阁、斗姥宫。斗姥宫位于慧因寺西，主殿高两层，面阔三间，歇山顶，底层有游廊伸出。主殿前为阔院，院内植被茂盛，院前有一座院门，两边伸出八字墙。院内左侧有一座栖雀亭。斗姥宫右侧为双清阁小院，以游廊和屋宇半围合。主堂面阔三间，两边有厢房，院内有一座重檐六边形听涛亭。临水处以篱笆墙隔离，并建有一座涵光亭。涵光亭面阔三间，进深一间，高两层，歇山顶，面向水面（图8-2-3）。

图版五、六为"卷石洞天"与芍园。芍园为种植芍药的园子，园内主屋

---

① 魏怡勤：《欧阳修与扬州大明寺》，江苏地方志，2004年第3期。
② 程宇静：《扬州平山堂历史兴废考述》，扬州大学学报（人文社会科学版），2014年第3期。

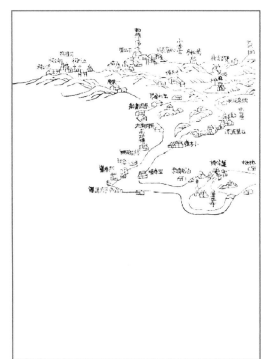

图 8-2-1　蜀冈保障河全景

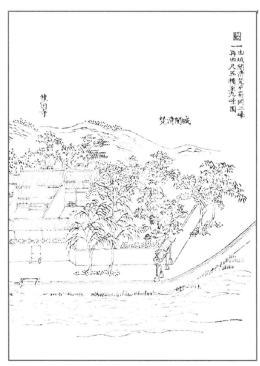

图 8-2-2　图版一、二

图 8-2-3　图版三、四

图 8-2-4　图版五、六

高两层，两侧伸出廊庑围合院落；前面临水处有一排水廊。卷石洞天即古郧园，为清代洪征治家所有，又称为"小洪园"，以怪石和老树为特色。水中有太湖石堆砌的假山，水边建有玉山草堂和薜萝水榭，两者以水廊相连。玉山草堂面阔三间，薜萝水榭面阔五间，均以游廊围合（图 8-2-4）。

图 8-2-5　图版七至图版十

图 8-2-6　图版十一、十二

　　图版七至图版十的图像内容为古郙园的主体。图版七紧接薜萝水榭西侧，沿着山路进入竹林，林中间有房屋数间，通向契秋园。契秋园游廊曲折，廊榭围合成小院。游廊一直向西延伸与委宛山房相连，委宛山房旁边多种竹子，竹林后有黄石和太湖石堆砌成的假山。竹林尽头为修竹丛桂之

堂，沿着点缀太湖石的驳岸一直走即为丁溪水榭。丁溪水榭面阔三楹，四面通透，榭旁有码头，后有射圃。[①]古郧园水中以太湖石堆砌成湖心洲岛和假山，山形经过人工雕琢形成九狮形态，洲岛上种植有柳树和杏树，并建有一座夕阳红半楼（图 8-2-5）。

图版十一、十二为"西园曲水"，此处为盐商鲍诚一的宅园。园林西、南面临水，中间有池沼，池中种植荷花睡莲，建筑物环池而建。主屋水明楼，楼高两层，建于池北的平台上，前设有平台伸出水面。水明楼东侧为西园曲水楼，是全园的主厅，面阔五间，高两层，二层为槛窗，一层前出廊，楼前由院墙围合成小院。池南为觞咏楼，高两层，面阔七间，两侧临水，楼前有码头，水边种柳树，向西伸出游廊直到水边。觞咏楼北侧为濯清堂，池西临水处为新月楼，隔河与对岸的冶春楼相望（图 8-2-6）。

图版十三、十四为"净香园"，位于保障河东岸，"西园曲水"以北。此段水面较为宽广，人工设施较少，驳岸自然，沿岸有廊榭，植被茂盛，环境显得生态自然。图版十五、十六描绘的"荷蒲熏风"位于净香园以北，亭廊馆榭逐渐增多。此段景观自右侧的青琅玕馆开始，通过临水的春雨廊，与"绿杨湾"园门相连。园门后为院落和建筑，因植被遮挡，仅露出屋顶。"绿杨湾"园门向左经过游廊可到达水榭"蓬壶影"。榭后面建筑较为密集，主体建筑为怡性堂和天光云影楼。前方水中有湖石垒成的浮梅屿，屿上建有御碑亭，内置石碑上刻有乾隆御书对联。御碑亭左边水面中有一座四方平台，台上建有春禊亭（图 8-2-7）。

图版十七至二十二为"香海慈云"，位于"荷蒲熏风"以北。此景区自南端的秋晖书屋和涵虚阁开始。秋晖书屋虽然靠近水面，但是以实墙围合成小院，环境幽静。涵虚阁面阔三间，面湖而建。涵虚阁向北为珊瑚林和桃花林，林中有桃花池馆。再向北为大面积的缓坡林地，其间建有泉亭、依山

①《扬州画舫录》（插图本），第 83 页。

图 8-2-7　图版十三至图版十六

亭，再往北可到达迎翠楼。迎翠楼高两层，面阔五间，正面临水，前出廊，不仅可观赏湖景，更可以直接眺望蜀冈众峰。图中涵虚阁左前方有一座"春波桥"。桥体为石砌，单孔拱桥，桥上建有一座重檐四方亭。过桥为一处水中洲岛，岛南端建有来熏堂与浣香楼。两座建筑均面南而建，面阔三间，来熏堂前伸出方形临水平台，台下水中有大量的莲叶。洲岛中部建有重檐圆顶楼阁"海云庵"，北部为隆起的山冈，最北端山冈下建有重檐四方观水亭。一条景墙自北向南沿着洲岛延伸，形成景观屏障（图 8-2-8）。

荷蒲熏风以北为"四桥烟雨"，又称为"趣园"，在图像中处于图版

图 8-2-8　图版十七至图版二十二

二十三至二十六位置。① 园内以洲岛隔成夹河，前方洲岛以湖石垒成，岛上建有御碑亭。跨河建有锦镜阁，锦镜阁面阔三间、高两层，阁下可通水。岸边亭台廊榭连绵不绝，与湖石驳岸相互掩映，茂密的植被后露出面阔三间、高两层的涟漪阁。驳岸在图版二十六位置向内凹进，以虎皮石砌成规则岸线。岸边石栏护岸，花窗景墙与廊榭交相穿插，内院围合，内外相通。在驳岸转角处设置水榭游廊，强化了观景功能（图 8-2-9）。②

图版二十七中央为长春桥，为"四桥"中的一座。长春桥为单孔石拱桥，桥上一座重檐攒尖顶桥亭，造型与春波桥相似。"水云胜概"包括从长

---

① "四桥烟雨"中的"四桥"指虹桥、长春桥、春波桥和五亭桥。此景区位于保障河拐角处，故四面视线通透，可看到这四座桥。
② 《扬州画舫录》（插图本），第 197 页。

图 8-2-9　图版二十三至图版二十六

春桥西直至莲花桥的河北岸景观，占据了图版二十八至三十二共五个图版长度。紧靠长春桥的图版二十八基本为坡地和植被，岸边与坡上有亭子两座，前面水中洲岛名为"长春岭"，植有青松。沿岸线向西，图中出现了沿河岸排列的三座回院，各以廊庑和院墙围合。图中最右边的回院为随喜巷，靠河的一侧为长五间的廊庑，中间开圆形月洞门。中间回院较小，名称不详。左边回院面积最大，院内有置石假山，植被丰富，临水有一排长廊名为"春水廊"。春水廊院西为大片的竹林假山，山林掩映出楼阁一角。西侧岸边建有胜概楼，楼高两层，面阔五间，前出廊，面向湖面而建，楼前挑出临水平台。胜概楼西为小南屏和莲花桥。小南屏是一座临水的拐角

图 8-2-10　图版二十七至图版三十二

水榭。莲花桥又称为"五亭桥",建于莲花埂上,横跨保障河南北两岸,为乾隆二十二年(1757)巡盐御史高恒所建。桥面上建有五座亭子,桥身向两侧各挑出两个平台,作为亭子的基座,平台四面均有桥洞,共计有十五个桥洞(图8-2-10)。

图版三十三至图版三十六为"白塔晴云"。此段建筑较为稀疏,图中有溪涧注入河中,涧上架有石板桥。水口旁有桂屿,屿上建有花南水北之堂,堂前种有桂花,堂后青山。堂边为积翠轩,轩旁多翠竹、杨柳。沿堤岸向西,有一排临水的廊榭,名称不详。隔湖石假山即为林香草堂和种岊山房。林香草堂面阔三间,通过弧形廊与水边园亭相连。种岊山房以廊庑

图 8-2-11 图版三十三至图版三十六

围合成院，入口设在水边，园后种有芭蕉（图 8-2-11）。

　　图版三十七、三十八"望春楼"位于保障河拐角处。主体建筑望春楼建于水中平台上，体量较大，形态鲜明，楼高两层，重檐歇山顶；楼前另有一座五开间的水阁，楼下台基中开有水渠通道，台基边有栏杆围护。望春楼北侧岸边建有西笑阁，阁周围花红柳绿，植被茂盛（图 8-2-12）。

图 8-2-12 图版三十七、三十八

---

① 《扬州画舫录》（插图本），第 227 页。

　　图版三十九至四十七为水竹居。此园位于望春楼北、保障河东岸，整座园林依山面水，原为徐世业的宅园。乾隆三十五年（1770）御赐名为"水竹居"。图版三十九为水竹居南端，建有三开间花潭竹屿厅，厅前有临水平台，厅后有两层高的楼阁。沿水岸砌有矮墙，向北延伸至静香书屋。花潭竹屿厅前面河中有土石相间的洲岛，岛上有纵贯的廊庑，端头建有"小方壶"亭。

　　过静香书屋为小山坡，坡下建有御碑亭。亭北沿着河岸建有游廊，通向清妍室。清妍室前有小院，院墙中间开辟有如意门，作为水竹居的主要出入口。清妍室后为大面积黄石垒成的石壁，石间有泉水流出，石壁背枕山坡，坡上种有松树。石壁前凸出半岛状石矶，壁下有亭廊向北延伸至阆风堂。阆风堂面河而建，面阔五间，堂前伸出临水平台。堂北为丛碧山房，面向北侧水面而建，通过游廊与阆风堂相通。丛碧山房北为山坡，植被茂盛，坡上建有霞外亭，坡下有碧云楼。碧云楼高两层，面阔五间，面河而建，前面出廊；碧云楼楼旁还有一间配楼，面向霞外亭。碧云楼向北为水竹居建筑和静照轩，这两座建筑基本被植被遮挡，仅露出屋顶。据称，水竹居内引入了罕见的西洋喷泉装置，可喷水高达屋檐，为国内首创（图8-2-13）。

　　水竹居以北为"锦泉花屿"，占据了图版四十八至五十四的图像内容。锦泉花屿为刑部郎中吴玉山的别墅，后来归扬州知府张正治所有。园内有两处泉眼，一处位于九池东南角，一处位于微波峡，泉水清澈。园内繁花似锦，最多者为梅花，因此取名为"锦泉花屿"。图版四十八描绘了锦泉花屿南端的景物，靠近水竹居处建有萁竹轩，轩前后均为茂竹，水边廊庑架于湖石驳岸上。萁竹轩以北的驳岸线向内凹进，形成小水湾，岸边有笼烟筛月之轩。轩北山冈隆起，冈上建有香雪亭。冈下驳岸乱石林立，沿岸线的曲尺状

①《扬州画舫录》(插图本)，第 206、207 页。
②《扬州画舫录》(插图本)，第 204 页—206 页。

图 8-2-13　图版三十九至图版四十七

图 8-2-14　图版四十八至图版五十四

廊庑连接了藤花榭、锦云轩、清远堂。乱石间微波峡涧水汇入河中。河中两处洲岛，其间架有一座曲尺状平板桥。地势较陡的洲岛上建有微波馆，它与滨岸之间通过船舫型石桥相通，另一座洲岛上建有种春轩（图 8-2-14）。

图版五十五与五十六描绘了蜀冈三峰之东峰。蜀冈东峰地势陡峭，山

图 8-2-15　图版五十五至图版五十八

顶台地上建有功德林观音寺，此山又称为"观音山"或者"功德山"。观音寺处于制高点上，按照寺院形制建造，布局严谨规整。冈下有山门，通过蹬道与寺院建筑群相连。西南侧地势较为平缓，建有码头，码头上有两层高、曲尺状的环绿阁，旁边山地上建有"山亭野眺"亭，亭前有南楼，山脚池边有"芰荷深处"草堂（图 8-2-15）。

① 《扬州画舫录》（插图本），第 158 页。
② 《扬州画舫录》（插图本），第 151 页。

图版五十七、五十八为双峰云栈至小香雪景区。双峰云栈位于观音山西侧，实际为蜀冈东峰的余脉，山冈起伏，坡上有梅林，林中建有香露亭。双峰云栈西为九曲池，水势湍急，池边有听泉楼，池南以栈桥连接岸矶。小香雪为九曲池西的山岭，岭上松林遍布，并种有大片的梅树。山下有码头，码头南有一岛屿，岛端建有接驾厅，样式为三层重檐攒尖顶四方阁，另一端有松风水月桥与滨岸相连（图 8-2-15）。

图版五十九至六十二为蜀冈中峰，包括法净寺、平山堂与平远堂。山体上种植较多的松树，四季常绿。法净寺位于山顶台地上，原名大明寺、栖灵寺、西寺，始建于宋朝，明代郡守吴山平在原址重建寺院。雍正年间，汪应庚①出资在寺内建起了前殿、后楼、山门、藏经楼、云盖堂等建筑物。从图中看，法净寺按照寺院形制建造，呈规整布局，主体建筑分布在中轴线上，左右基本对称。

法净寺西侧为平山堂。平山堂是北宋大文豪欧阳修任扬州太守时所建，此后，数度损毁、复建。康熙年间再次修复，园内筑有石砌的行春台，主体建筑平山堂位于行春台上。乾隆初年汪应庚再次重建，增加了洛春堂和西园。西园内开凿池塘，池中岛屿上建有覆井亭、荷花厅，池边建有观瀑亭和梅花厅，梅花厅旁石壁之中有泉涌出，其水甘美，被誉为"天下第五泉"。法净寺东南侧建有平远楼，也为清朝汪应庚所建，名称模仿平山堂而来。楼高三层，楼后有关帝殿、晴空阁，院墙围合，布局规整，环境较为私密（图 8-2-16）。

图版六十三、六十四描绘了蜀冈西峰的建筑与景观。西峰山体较矮，地形平缓，建筑群包括武烈祠、司徒庙、范公祠，呈多路多进规整合院格

图 8-2-16　图版五十九至图版六十二

---

① 汪应庚，安徽歙县人，后住扬州，雍正年间成为扬州大盐商，出资修建多处园林、寺院，编有《平山揽胜志》。

局，武烈祠前面有一座御碑亭。

图版六十五、六十六为"尺五楼"，位于平山堂山下凸出的半岛上。尺五楼为面阔五间的曲尺状两层高楼阁，通过游廊连接延山亭、院墙和屋宇，形成合院。院内广植花木，筑有湖石假山，院后有一处药房（图8-2-17）

图版六十七至七十二为"万松叠翠"，位于尺五楼南、莲花埠新河北岸。因向北可清晰地看到蜀冈山上的群松，因此名"万松叠翠"。此区岸线曲折，前有岛屿，后有驳岸，怪石林立，植被茂盛，岸上建有阁、楼、舫等建筑物。最东侧的为涵清阁，高两层，一开间大小，上下通透。阁南为三开间屋宇，前有廊庑围合成方院。游廊自涵清阁向西一直延伸至旷观楼。旷观楼高两层，楼西清荫堂面阔五间，前有临水平台和小码头。清荫堂西侧有桂露山房和春流画舫。桂露山房面阔三间，隐于桂花、竹林之中。春流画舫凸出岸线，为江南画舫式建筑（图8-2-18）。

图版七十三至八十为"蜀冈朝旭"，位于春流画舫以南，莲花埠新河西岸，与小方壶隔河相对，原为李志勋的别墅园林，后由张绪增重建。此园可北望蜀冈，园内有射圃，圃外种有茂密的竹林，并建有一座香草亭。竹林南有山坡和池沼，池南平地上建有主体建筑群。张氏在此地开凿有大池，池边有青桂山房、含青室、高咏楼、流香艇。大池以南又有一处坡地曲池，湖石垒成驳岸，池边有来春堂。园内的核心建筑为高咏楼，该楼面东，楼高两层，面阔五间，重檐歇山顶。楼前有宽大的露台，绕以朱栏，两侧有游廊与含青室和流香艇相通。乾隆二十七年（1762），乾隆曾光顾此楼，御赐匾额与对联（图8-2-19）。

图 8-2-17　图版六十三至图版六十六

图版八十一、八十二为"筱园花瑞"。筱园原为翰林程梦星的别墅园，后为汪延璋所购得。园内有三贤祠，纪念三位著名文人：欧阳修、苏轼和王士禛。筱园内有大片的芍药田，田边建有瑞芍亭。亭北有仰止楼，亭东有旧雨亭，以长廊围合成院，院内种有茂竹。河边建有三开间的藕亭，前出抱厦（图 8-2-20）。①

图版八十三、八十四为熙春台，位于筱园南侧、莲花埂新河拐弯处，为汪延璋所建。建筑位于两层露台上，绕以石栏。主楼高两层，面阔五间，前出抱厦三间，重檐歇山顶，屋顶正脊两端有吻兽。前有两座建筑相对而设。南侧为假山，山上建有重檐六方亭，假山环绕游廊，廊顶为平台，与亭子相

图 8-2-18　图版六十七至图版七十二

通。北侧为两层高的四方攒尖顶阁楼，四面各出抱厦。图中熙春台左后方有平流涌瀑，泉水汇成山涧，自熙春台旁汇入莲花埂新河（图 8-2-21）。

　　图版八十五至八十八描绘了熙春台向东至莲性寺的景观。图版八十五中间有一池塘，池边建有水榭"玲珑花界"。榭东为前后两座建筑构成的小院，便门前有平桥，桥东临河处为绕泉楼。该楼高两层，重檐歇山顶，前出抱厦五间，抱厦前为临水露台。绕泉楼以东为含珠堂，堂东为曲折的院墙，墙前端为一座建于高台基上的堂宇。此段建筑较为稀疏，以夹河、池沼、山地景观为主，建筑间隔较大，植被丰富。前面以篱笆墙隔离，后面多竹林，应是一座私家别墅园（图 8-2-22）。

图 8-2-19　图版七十三至图版八十

图 8-2-20　图版八十一、八十二

图 8-2-22　图版八十五至图版八十八

图 8-2-21 图版八十三、八十四

图 8-2-23　图版八十九、九十

　　图版八十九、九十为莲性寺。莲性寺位于熙春台以东、莲花桥以南的洲岛上，建于康熙四十四年（1705）。图中寺门靠近莲花桥，进门后为狭长的便道，两侧有规则的廊庑和殿宇形成回院。右边院中白塔高耸；左边院内假山较多，建有得树厅、夕阳双寺楼、云山阁等（图 8-2-23）。[①]

262-263

图 8-2-24　图版九十一至图版九十四

①《扬州画舫录》(插图本)，第 206、207 页。

图版九十一至九十四为桃花坞和长春岭，位于莲性寺以东。桃花坞为临水的山冈，种满了桃树。长春岭为桃花坞以北的一处洲岛，又称"梅岭春深"，四面环水，岛上堆"长春岭"，山上植被以松树和梅花为主。该岛与南岸之间架有玉板桥，桥上建有竹亭。岛边建有草堂、关帝庙，草堂后面开辟有上山小道。长春岭后有一些馆舍（图 8-2-24）。①

图版九十五至九十八依次为韩园、长堤春柳，位于保障河西岸、长春岭南。韩园为韩朝醉的别墅园，临河筑有篱笆墙，内有草堂，山坡上建有山亭，建筑较为朴素。韩园南接长堤春柳，原为黄为蒲的园林，后由候选知府吴尊德修缮。此园园内开辟有池塘，池边有曙光楼和长廊。园内山上有晓烟亭，岸边建有浓阴草堂、浮春槛、跨虹阁，绕以槛墙，河边筑有篱笆墙。园内植被茂盛，沿堤岸种满柳树（图 8-2-25）。

图版九十九至一百零二依次为虹桥、冶春诗社，位于长堤春柳以南。虹桥跨保障河两岸，东接西园曲水，西连冶春诗社。该桥为单孔石拱桥，桥上建有重檐四方亭，两端各有一座牌坊。冶春诗社内，沿河岸有曲尺状的数十间游廊，北接香影楼，南接冶春社。冶春社原为茶楼，高两层，四面出廊。岸边还建有秋思山房、怀仙馆等建筑（图 8-2-26）。②

图版一百零三、一百零四为柳湖春泛，位于冶春诗社以南。此处岸线向内凹进，形成水湾。湾内遍种莲叶，堤上柳树成荫，水面上建有三开间的流波华馆。流波华馆南有小圆亭，北有水阁"小江潭"，其间通过曲尺状的游廊和栈道相连。园南侧有渡春桥，可通向倚虹园（图 8-2-27）。

图版一百零五至一百零八为倚虹园。倚虹园位于河道拐角处的洲岛上，园内由堂宇、楼阁、廊庑隔成规整的方院。从图中看，主建筑有妙远堂、饯春堂、饮虹阁，廊庑另一端有致佳楼、涵碧楼，涵碧楼前设置有码

①《扬州画舫录》（插图本），第 204-206 页。
②《扬州画舫录》（插图本），第 158 页。

图 8-2-25　图版九十五至图版九十八

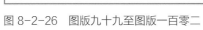

图 8-2-26　图版九十九至图版一百零二

图 8-2-27　图版一百零三、一百零四

头。致佳楼北有两处大院，一处为水院，池边围绕以游廊、水阁、水榭，另一处院中有巨大的太湖石置峰，四周环绕廊庑，临水楼阁宽十余楹，中有修禊楼，北望视线与景致最佳（图 8-2-28）。[①]

图 8-2-28　图版一百零五至图版一百零八

①《扬州画舫录》（插图本），第 151 页。

图版一百零九至一百一十四依次为南虹桥、古渡桥、九峰园和砚池染翰。南虹桥、古渡桥两岸均未见建筑物，杂草丛生，一派荒芜景象。近处可见一段扬州城墙。九峰园为汪氏别业，位于府城之南。园内建筑有风漪阁、玉玲珑馆、梅桐书屋、延月轩、榖雨轩、御书楼、雨花庵等，建筑之间以廊庑相连，形成较为规整的院落。玉玲珑馆前开辟有夹河，夹河外堤岸上建有临池亭。园内置有形态各异的太湖石，植物以茂竹、梅树、桐树、柳树、荷花为特色（图 8-2-29）。

图版一百一十五至一百二十二描绘迎恩河东岸景观，共有八个图版，分为临水红霞和平冈艳雪两个景观主题。临水红霞山冈起伏、自然生态，多桃花、柳树、莲花，是赏花的好去处。河边坡地上建有穆如亭，岛屿上建有螺亭。水边有桃花庵和飞霞楼，以曲尺状游廊相连。平冈艳雪植有数百株红梅，溪流奔涌，岸线曲折，多黄石假山。林间有数栋堂宇，山凹处建有清韵轩，岛屿上有枕流亭，岸边有"临流映壑"水榭、渔舟小屋等，建筑稀疏，布局比较灵活（图 8-2-30）。

图版一百二十三至一百三十描绘迎恩河西岸景观，共有八个图版，包括邗上农桑和杏花村舍两个主题。邗上农桑后有大片稻田，前为数栋屋舍、仓房。此地为管理农桑的机构，建筑风格简单朴素。杏花村舍区段以杏花为特色，林间有屋宇、楼阁数栋，多为染色、织布的房舍。建筑大多面河而建，以廊庑相连（图 8-2-31）。

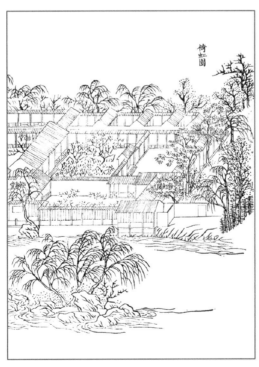

图 8-2-29　图版一百零九至图版一百一十四

图 8-2-30　图版一百一十五至图版一百二十二

图 8-2-31　图版一百二十三至图版一百三十

第三节 《平山堂图志》图像要素分析

一、建筑图像

　　《平山堂图志》中的木刻版画插图，主要描绘了清朝乾隆时期扬州府城外的园林面貌，其中的建筑充分体现了扬州地域性园林的建筑特色。插图中各类建筑数量庞大，建筑造型很少重复，基本都能根据地形地貌、景观视野、水域走向进行灵活的布局安排。由于所描绘园林主要位于保障河、瘦西湖、迎恩河两侧以及蜀冈山峰上，建筑的功能以观景和游憩为主，另有少量的宗教建筑、纪念性建筑和生产性建筑，较少看到居住性建筑。由此可以推断，《平山堂图志》中的园林性质并非宅园，而主要是别墅园林，是园主为观赏风景和休闲游憩而建。

　　图中出现的园林建筑类型包括厅、堂、房、室、馆、书屋、轩、水榭、游廊、阁、楼、亭。厅堂是园林的中心建筑，图中描绘了水竹居的花潭竹屿厅、双峰云栈的接驾厅、卷石洞天的玉山草堂、西园曲水的濯清堂、荷蒲熏风的怡性堂、香海慈云的来熏堂、白塔晴云的花南水北之堂和林香草堂、水竹居的阆风堂、锦泉花屿的清远堂、蜀冈东峰的"芰荷深处"草堂、蜀冈中峰的平山堂和平远堂、万松叠翠的清荫堂和含珠堂、长堤春柳的浓阴草堂、倚虹园的妙远堂和饯春堂等。图中厅堂的造型较为朴素，面阔一般为三间，屋顶为悬山顶。从厅堂的名称和图像表现看，其位置有利于观赏某种特定的景观因素，可见厅堂不仅是作为园林布局的中心，而且在选址上更加注重周围环境的营造。其中双峰云栈的接驾厅虽名为厅，造型却接近于楼阁。

　　房、室、馆、屋是园中提供具体功能的建筑。图中有名称的包括卷石洞天的委宛山房、白塔晴云的种疏山房、水竹居的清妍室与丛碧山房、万松叠翠的桂露山房、蜀冈朝旭的青桂山房与含青室、长堤春柳的浮春槛、冶春社的秋思山房、临水红霞的渔舟小屋、荷蒲熏风的青琅玕馆、锦泉花屿的微波馆、冶春社的怀仙馆、柳湖春泛的流波华馆、九峰园的玉玲珑馆等。书屋是文人园林的必备要素，在图中共出现三次，分别为香海慈云的秋晖书屋、水竹居的静香书屋、九峰园的梅桐书屋。从造型来看，房、室、屋基本为一层，面阔基本为三间；馆大多为两层，面阔三间或者五间，槛窗装饰较为精美。这些建筑的选址非常注重周围环境状况，具备一定的观景功能，但是从图中难以分辨这些建筑的其他功能。

　　轩和水榭是重要的观景游憩建筑。图中标注的轩有白塔晴云的积翠轩，水竹居的静照轩，锦泉花屿的菉竹轩、笼烟筛月之轩、锦云轩、种春轩，九峰园的延月轩、穀雨轩，临水红霞的清韵轩。水榭作为临水的景观建筑，在插图中多次出现。标注名称的有卷石洞天的薜萝水榭与丁溪水榭、荷蒲熏风的"蓬壶影"水榭、水云胜概的小南屏水榭、锦泉花屿的藤花榭、"玲珑花界"水榭、临水红霞的"临流映壑"水榭等，另外还有一些无名的水榭。轩和榭一般采用通透处理，不设墙壁，或者在内部设置屏风墙，视野开阔。

《平山堂图志》中的园林基本是沿岸线分布，游廊是连接建筑的重要通道。图中游廊形象较多，典型的游廊有契秋园游廊、净香园长廊、荷蒲熏风的春雨廊、水云胜概的春水廊。其中春雨廊为复廊，墙上开辟有不同形状的花窗。水廊是江南多雨地区园林中的特殊游廊类型，不仅是人行通道，还兼具桥的作用，能够近距离观赏水景和水生植物。图中多次出现水廊，典型的如芍园水廊、古郇园水廊等。

图中的阁分为三类：一种是香海慈云的涵虚阁，其形态类似于室、屋。一类为水阁，贴水而建或者位于水上平台，如望春楼前的水阁、柳湖春泛的水阁"小江潭"。再一类高两层，类似于楼，如蜀冈东峰的环翠阁、趣园的锦镜阁和涟漪阁、望春楼北的西笑阁、万松叠翠的涵清阁、莲性寺的云山阁、长堤春柳的跨虹阁、倚虹园的饮虹阁、九峰园的风漪阁。

图中出现了较多的楼，包括卷石洞天的夕阳红半楼，西园曲水的水明楼、西园曲水楼、觞咏楼、新月楼，荷蒲熏风的天光云影楼，香海慈云的迎翠楼、浣香楼、海云庵，水云胜概的胜概楼、望春楼，水竹居的花潭竹屿楼、碧云楼、蜀冈东峰南楼，双峰云栈的听泉楼、尺五楼，万松叠翠的旷观楼，蜀冈朝旭的高咏楼，筱园的仰止楼、熙春台、绕泉楼，莲性寺的夕阳双寺楼，长堤春柳的曙光楼，倚虹园的致佳楼、涵碧楼，九峰园的风漪阁、御书楼，临水红霞的飞霞楼。楼一般高两层，悬山顶，长度较为自由，前面出廊，间数较多的楼类似于两层游廊。

亭子数量最多，图志中有名称的亭子有双清阁的听涛亭与涵光亭、香海慈云的泉与依山亭、荷蒲熏风的春禊亭、水竹居的小方壶亭与霞外亭、锦泉花屿的香雪亭、蜀冈东峰的"山亭野眺"亭、蜀冈朝旭的香草亭、筱园的瑞芍亭、旧雨亭、藕亭、长春岭的竹亭、长堤春柳的晓烟亭、九峰园的临池亭，临水红霞的穆如亭、螺亭及枕流亭等。这些亭子功能为观景、休憩，选址注重视野开阔，尽可能地观赏景观，体量大多轻盈纤巧，造型较为朴素。另外还有一些放置皇帝御书的御碑亭，如慧因寺、荷蒲熏风、趣园、水竹居、蜀冈西峰均布置有御碑亭。御碑亭选址一般位于地段的醒目处，体量稍大，内置石碑，造型庄重，亭顶多采用重檐顶。

在春波桥、长春桥、莲花桥上建有桥亭。桥亭是建于桥上的亭子，不仅丰富了桥的形象，增加了桥的识别度，还有利于遮阳避雨。春波桥亭和长春桥亭为重檐四方亭；莲花桥有五座亭子，中间的亭子为重檐顶，其余的为单檐攒尖顶，是江南园林中最为复杂的桥亭。

画舫型建筑产于江南园林，后传到北方，在避暑山庄、静宜园、清漪园中有所采用。图中出现一次画舫型建筑，即万松叠翠的春流画舫。该建筑位于水边，长四间，进深一间，四面通透，绕以回栏。与静宜园的绿云舫和避暑山庄云帆月舫相比，春流画舫的造型极为简单朴素。

我国古代园林建筑多以南北向布置，背北朝南，而《平山堂图志》插图中显示，沿河布置的大部分园林建筑与水体的关系密切，主要建筑往往面水而建。其中一些建筑，如春禊亭、望春楼、接驾厅、春流画舫、熙春台等，凸出岸线，或者位于河道、溪涧交汇处，成为视觉的焦点。

《平山堂图志》插图图像还描绘了一些寺观祠堂，有蜀冈东峰功德林观音寺、法净寺、武烈祠、司徒庙、范公祠，筱园三贤祠、莲性寺，长春岭关帝庙等。莲性寺、观音寺、法净寺的规模较大、布局规整，内部宗教、居住功能完善。祠堂布局也较为规整，但功能较为单一，仅以祭祀为主，建筑较少。除了长春岭关帝庙以外，寺观祠堂基本位于较高的山地上，布局不受水体影响，有明确的中轴线，主体建筑背北面南布置。

二、山石、水体与植被

从图中看，大多数园林背景为较为低矮的山丘，是扬州西北蜀冈及其余脉。扬州西北郊地势总体较为平坦，蜀冈地形起伏有致，尽管蜀冈三峰并不算高，但是蜀冈以南地势低平，故能一览无余。由于视野通透，蜀冈及其余脉成为扬州城外园林重要的借景对象，对于建筑朝向与走向有着重要的影响。

图中对于园林石材有较为具象的表现。园林石材以太湖石为主，以太湖石堆成假山，形成置石石峰，作为观赏的对象。还有的以湖石筑成驳岸、围合岛屿，形成变化多端的滨岸效果。扬州本地不生产太湖石，扬州园林所用木材、石料多为在外地购买经水路输入。图中显示瘦西湖至蜀冈沿岸的园林大量采用太湖石，这表明这些园林主人具有雄厚的经济基础。

图像中的水体类型丰富，有河、湾、湖、溪涧、夹河、池等形态。保障河与莲花埂新河是园林空间依托的骨架，大部分园林均依托河流而建。一些河道向内凹进，形成河湾。在保障河北段，河道变宽，水面宽广，形态趋向于湖。蜀冈山中泉水涌出，形成溪涧，注入保障河和莲花埂新河中。为最大限度利用河流水景，河道岸线修筑得非常曲折。在主河道两侧，堆筑洲岛，形成夹河，或者引河水入园，形成池沼。丰富的水体形态不仅极大地丰富了园林景观要素，同时也从根本上影响建筑的布局与朝向、游线的走向与视线的变化。从园林布局、主体建筑与水体的依存度上看，除了长春岭和蜀冈上的园林以外，图志中大部分园林都属于水景园范畴。

图像中的植被要素非常丰富。作者以灵动的刀法，刻画出了松树、柳树、梅树、桃树、枇杷、茂竹、荷叶、桂花、桐树等植物。从植被的布局和配置方法看，松树多位于山岭上，成片种植，形成青山翠嶂。柳树一般沿堤岸成排成行种植。梅树和桃树是重要的花木，多沿着堤岸夹杂在柳树中种植，或者成片种植，形成大面积的花海，图中梅树成片种植，形成梅岭；桃树成片种植，形成桃花坞。桂花、枇杷树是常绿植物，桐树是落叶乔木，都是园林中常见的树木，栽种于屋宇前后。图中竹林较多，基本栽种于屋后，形成背景屏障，具有明显的视线遮挡功能。图中还刻画了大量的莲叶，位于水中靠近河岸处或者池沼里。

第四节 《平山堂图志》的视觉呈现分析

  《平山堂图志》卷首的《名胜全图》中，图一《蜀冈保障河全景》标注了各个景点的地理位置，图二至图四的一百三十幅图版描绘了迎恩河、蜀冈至瘦西湖两岸的园林名胜。全部图像均为木刻版画，除了图一为双页连式，其他均采用多页连式，需要将各幅图版按照从右向左的顺序拼在一起，才能完成图像的视觉表达。

  图二前后共有一百一十四幅图版，图像表达的景点较多，需要对照图一厘清各图版内容之间的空间关系。图版从右向左排列，展现的景点首先从城关清梵至蜀冈三峰，再从尺五楼至九峰园，即沿着保障河和莲花埝新河东岸从南向北，然后沿着西岸从北至南，逐步完成扬州府城西北郊沿河沿湖的景观呈现。图三与图四共十六幅图版，描绘了迎恩河两岸景观。将图三、图四的图版从右向左排列，可以发现，图三的图版按照从南往北的顺序呈现东岸景观，图四的图版按照从北向南的顺序呈现西岸景观。也就是说，《平山堂图志》的图像实际上是按照逆时针方向沿着河道呈现扬州西北郊的园林名胜景观。

  《平山堂图志》的多页连式图像，很明显采用了散点透视方法。绘者的视点不是固定于一点，而是沿着景观的顺序不断移动。在长卷式的图像中，如《清明上河图》《静宜园二十八景图卷》《环翠堂园景图》中采用这种透视方法，可以表现复杂的景观空间。这种透视方法更适于将线状的景观，如沿河的景观浓缩在长卷中，而且不会产生大的变形。

  尽管视点在水平方向不停地移动，但是各图版的视点高度基本一致，保持了图版前后的一致性与连贯性。图中的视点均处于较高的位置，保证了能够尽可能地、全面地呈现景观要素和空间结构，尤其是对于建筑物，至少要表现出前立面、侧立面和屋顶。视点的高度与本文案例具有一致性。

  由于多页连式插图呈现的是连续性景观，因此各个图幅中视觉中心并不明显，必须多幅图版连续展开才能呈现出整体的景观重点。从图像内容看，主要建筑均面水而建，表明其朝向没有完全按照背北朝南的模式，而是受到对山水风景观景因素的影响，观赏性和游憩型功能非常突出，这充分体现了扬州园林艺术的灵活性和多样性。

  木刻版画是通过黑白线描呈现景观对象，刻工必然按照图绘底稿进行镌刻。从图像呈现的笔法看，绘者的画风有相当的灵动性，在用笔之中夹杂着写意山水的笔意，在对湖石和树木的刻画上，尤其明显。这一点与殿版画《御制避暑山庄三十六景图》的严谨性和工整性形成了鲜明的对比。这也表明，《平山堂图志》插图的绘者应该是一位具有文人画功底，而且对扬州西北郊园林极其熟悉的画家。

结论

本书对明清园林的历史图像进行考察，按照历史分期从图像内容、绘制者以及媒介材料角度对图像作品进行梳理，并对图像的功能、形态、主题内容进行分析，论证图像的构成与视觉特征，进而揭示明清园林图像的意义。本书分为两大部分，并分别从媒介材料、园林主题内容、作者背景三个角度对明清园林图像的发展和具体作品进行了梳理，著录了多个明清单幅或成系列的园林图像（集）。园林图像的媒介材料主要有版画和水墨画两大类。版画以木刻为主，还有少量的铜版画；水墨画则包括工笔和写意两类。园林主题涉及皇家园林、私家园林和风景名胜。作者包括文人画家、宫廷院画家和版画刻工。园林图像的发展主要受到园林营建、绘画风格和版刻技术发展的影响。

明代未见紫禁城宫廷园林图像作品，而私家园林与风景名胜类的园林图像数量较多。万历之前，园林图像主要是依托于水墨画存在的；万历之后，出版业和版画艺术有了极大的发展，开始出现一批木刻版画为媒介材料的园林图像。

清初至乾隆、嘉庆时期是宫廷园林图像的大发展时期。这一阶段，京郊营造了辉煌的皇家园林，清廷设置了如意馆、武英殿等专事生产宫廷绘画和版画的机构，广招人才，产生了一大批宫廷园林图像。江南扬州、苏州、徽州、杭州、金陵等地是园林名胜的荟萃之地，广东的名胜也有了一定的开发，民间的文人画家和书坊刻工生产了众多的、以南方园林名胜为主题的园林图像。道光时期至清末，没有出现代表性的宫廷园林图像，地域画派主导了地方园林名胜图像的创作。随着人口增加、交通发展，出现了一批带有自传、游记性质的版刻园林名胜插图。

本书选取了明代两个、清代四个，共计六个园林图像主题进行个案分析。其中，皇家园林主题图像两个，私家园林和风景名胜主题四个；木刻版画类和水墨图像类各占一半。本书从图像空间、图像要素和视觉呈现的角度展开分析，在分析过程中结合了相关文献文本的解读。

园林图像的要素分为建筑、山、水、植被和人物，要素类型与风格主要受到园林性质的影响。宫廷园林图像中普遍没有人物形象。私家园林图像中以《环翠堂园景图》人物类型和活动最丰富，生活气息浓厚；《拙政园三十一景图》中人物较为稀疏，充满着文人的寂寞与隐逸气氛。

本书六个主题案例中，皇家园林图像建筑数量众多，功能复杂，形制等级分明。建筑群一般采取规整的多路多进合院格局，有明显的几何对称结构，主要建筑背北朝南。行宫建筑延续了多路多进合院格局，但是建筑布局相对灵活，式样也较为简约，乾隆南巡路线上行宫大多依托寺观和名胜营建。皇家园林中的寺院建筑规格较高，非宗教建筑普遍采用布瓦卷篷顶，与紫禁城宫殿建筑有明显区别。私家园林与风景名胜的图像案例中，《环翠堂园景图》中的建筑装饰豪华、布局规整，显示了园主的经济基础和徽派园林的奢华。与之相反，拙政园图像中的建筑朴素、低调、隐忍，凸显了文人园林的特质。《平山堂图志》中，扬州蜀冈—瘦西湖两岸的观赏性建筑依托于山水视觉结构而建，显示了灵活多变的建筑风格。

山水图像要素带有明显的地域色彩。除了静宜园是山地园外，大部分园林图像以山水轮廓作为背景和基底；即便是圆明园地形平坦，也要通过筑山理水营造风景。《平山堂图志》显示，蜀冈三峰至保障河、迎恩河的山水基底是扬州西北郊园林营造的骨架，这说明明清时期园林美学和视觉建构对山水的重视。太湖石在扬州、苏州园林应用较为普遍，《平山堂图志》与《南巡盛典》中江南与浙江境内园囿中出现了大量的太湖石假山和驳岸，拙政园图像中也有典型的太湖石置峰形象。《圆明园四十景图》中有不少的假山石峰形象。植被要素在各个园林图像中差别不大。

从视觉形式上分，本研究的案例有长卷、多景图册、多页连式、双页连式四类。长卷分为两种呈现方式。第一种以《环翠堂园景图》为代表，对园林环境的描述建立在图卷视觉呈现过程中。绘者在构图内容上巧妙地利用了横卷的观图习惯，在从右向左逐次展开的过程中完成了坐隐园空间的视觉呈现，这个顺序大致服从于入园的游线，同时带给观者游园的体验。第二种以《静宜园二十八景图》为代表，采取了高视点、散点透视的方法架构起全景式图像，同时结合虚实和明暗法加强空间进深效果。

册页类有两个主题案例，分别为《拙政园三十一景图》和《圆明园四十景图》。其特点为每图呈现一个主题景观，形成一个景域单元，有自身的视觉中心，另附有对景点的题咏。图景的展开受到图幅边界的分割，各景域之间的空间关系无法呈现，需要结合题咏和相关文本才能辨明。

《平山堂图志》主要采用多页连式，各图版按照从右向左的顺序拼在一起完成图像内容的视觉表达，各图版视觉中心并不明显。图像呈现顺序是按照逆时针方向沿着河道表达扬州西北郊的园林名胜景观，采用散点透视方法，各图版的视点高度基本一致，保持了图版前后的一致性与连贯性。

《南巡盛典》"名胜篇"插图为双页连式，图像的顺序体现了相互的地理位置关系。随着插图从前向后翻动，各景图依次呈现，具有很明显的时间与空间的秩序性，这对于内容繁杂、场所众多的巡典类插图图像尤其必要。每幅景图均自成一个景域，有自己的景观中心和视觉焦点，景观中心即为图像表达的核心。各图均采取了较高、较远的视点，尽可能全面地展示各个景观名胜的要素形态。

本书列举的皇家园林与私家园林图像案例中，均涉及水墨和版画两类媒介材料。其不同之处在于，皇家园林图像的视点较为高远，且各景图视点的高度前后基本保持一致，绘图风格较为严谨细致。无论是长卷还是多景图形式，私家园林图像视点的高低远近有较大的变化，风格上呈现出精细华丽、简约朴实等不同的面貌。这说明，宫廷画家在绘制园林图像时，受制于客观表达的规则；民间画家则有一定的自由度，主要取决于委托者的要求和园林的特质。

参考文献

[1] 周维权 . 中国古典园林史 [M]. 北京：清华大学出版社，1990.

[2] 汪菊渊 . 中国古代园林史 [M]. 北京：中国建筑工业出版社，2006.

[3] 刘敦桢 . 苏州古典园林 [M]. 北京：中国建筑工业出版社，2005.

[4] 彼德·伯克 . 图像证史 [M]. 杨豫，译 . 北京：北京大学出版社，2008.

[5] 陈怀恩 . 图像学：视觉艺术的意义与解释 [M]. 石家庄：河北美术出版社，2011.

[6] 潘诺夫斯基 . 图像学研究：文艺复兴时期艺术的人文主题 [M]. 戚印平，范景中，译 . 上海：上海三联书店，2011.

[7] 韩丛耀 . 图像符号的特性及其意义解构 [J]. 江海学刊，2011（5）：208-214.

[8] 刘伟冬 . 西方艺术史研究中的图像学概念、内涵、谱系及其在中国学界的传播 [J]. 新美术，2013（3）：36-54.

[9] 高居翰，黄晓，刘珊珊 . 不朽的林泉 [M]. 北京：生活·读书·新知三联书店，2012.

[10] 梁思成 . 图像中国建筑史 [M]. 北京：生活·读书·新知三联书店，2011.

[11] （明）计成撰；胡天寿译注 . 园冶：中国古代园林、别墅营造珍本　白话今译彩绘图本 [M]. 重庆：重庆出版社，2009.

[12] 南京明孝陵博物馆编印 . 明孝陵 [M]. 香港：香港国际出版社，2002.

[13] 周维权 . 中国古典园林史 [M]. 2 版 . 北京：清华大学出版社，1999.

[14] 天津大学建筑工程系编 . 清代内廷宫苑 [M]. 天津：天津大学出版社，1986.

[15] 陈薇 . 城河湖水一带　绿杨城郭一体：扬州瘦西湖研究二则 [J]. 中国园林，2009（11）：12-16.

[16] 南京市地方志编纂委员会，南京园林志编纂委员会 . 南京园林志 [M]. 北京：方志出版社，1997.

[17] 潘谷西主编 . 中国古代建筑史 . 第 4 卷：元、明建筑 [M].2 版 . 北京：中国建筑工业出版社，2009.

[18] 潘谷西主编 . 中国古代建筑史：第 5 卷：清代建筑 [M]. 2 版 . 北京：中国建筑工业出版社，2009.

[19] 王璜生，胡光华 . 中国画艺术专史：山水卷 [M]. 南昌：江西美术出版社，2008.

[20] 孔六庆 . 中国画艺术专史：花鸟卷 [M]. 南昌：江西美术出版社，2008.

[21] 北京大学中国传统文化研究中心 . 宋元明清的版画艺术 [M]. 郑州：大象出版社，2000.

[22]　郑振铎.中国古代木刻画史略 [M].上海：上海书店出版社，2010.

[23]　章宏伟.明代木刻书籍版画艺术 [J].郑州轻工业学院学报（社会科学版），2012（6）：92-106.

[24]　翁连溪.清代宫廷版画 [M].北京：文物出版社，2001.

[25]　周安庆.明代画家文伯仁及其《金陵十八景图》册页赏析 [J].收藏界，2011（5）:101-105.

[26]　杭州西湖博物馆.历代西湖书画集 [M].杭州：杭州出版社，2010.

[27]　吕晓.图写兴亡，名画中的金陵胜景 [M].北京：文化艺术出版社，2012.

[28]　陈薇.避暑山庄三十六景诗图 [M].北京：中国建筑工业出版社，2009.

[29]《避暑山庄七十二景》编委会.避暑山庄七十二景 [M].北京：地质出版社，1993.

[30]　孟白.中国古典风景园林图汇：第一册 [M].北京：学苑出版社，2000.

[31]　圆明园管理处.圆明园百景图志 [M].北京：中国大百科全书出版社，2010.

[32]（清）毕沅撰；张沛校点.关中胜迹图志 [M].西安：三秦出版社，2004.

[33]（清）高晋.南巡盛典名胜图录 [M].苏州：古吴轩出版社，1999.

[34]（清）李斗.扬州画舫录：插图本 [M].北京：中华书局，2007.

[35]　董寿琪.苏州园林山水画选 [M].上海：上海三联书店，2007.

[36]　苏州博物馆.苏州博物馆藏明清书画 [M].北京：文物出版社，2006.

[37]　任建敏.岭南"理学名山"：明代西樵山的四大书院 [EB/OL].[2015-07-23].http：//lingnanculture.sysu.edu.cn/news/201404/14050215385.html.

[38]（清）吴友如.申江胜景图 [M].扬州：广陵书社，2007.

[39]（清）麟庆撰；（清）汪春泉绘.鸿雪因缘图记 [M].北京：国家图书馆出版社，2011.

[40]（明）钱贡，黄应组.环翠堂园景图 [M].北京：人民美术出版社，2013.

[41]　休宁县人民政府.剧作家汪廷讷 [EB/OL].[2015-06-06].http：//www.xiuning.gov.cn/newsdisp.asp?id=20234.html.

[42]（明）文徵明著；卜复鸣注释.《拙政园图咏》注释 [M].北京：中国建筑工业出版社，2012.

[43]　卜复鸣，徐青.明代王氏拙政园原貌探析 [J].中国园艺文摘，2012（2）：105-107.

[44]　周崇云，吴晓芬.英年早逝的清代宫廷画家张若澄 [J].东南文化，2009（1）：115-117.

[45]　刘侗，于奕正 . 帝京景物略 [M]. 上海：上海古籍出版社，2001.

[46]　赵洛 . 香山静宜园二十八景 [J]. 紫禁城，1982（2）：34-35.

[47]　殷亮，王其亨 . 御园自是湖光好，山色还须让静宜：浅析香山静宜园 28 景经营意向 [J]. 天津大学学报（社会科学版），2007（6）：556-559.

[48]　贺艳，吴祥艳 . 再现·圆明园：勤政亲贤 [J]. 紫禁城，2011（8）：32-49.

[49]　刘畅 . 圆明园九州清晏殿早期内檐装修格局特点讨论 [J]. 古建园林技术，2002（2）：41-43.

[50]　端木泓 . 圆明园新证：万方安和考 [J]. 故宫博物院院刊，2008（2）：36-55.

[51]　端木泓 . 圆明园新证：麯院风荷考 [J]. 故宫博物院院刊，2009（6）：14-29.

[52]　魏怡勤 . 欧阳修与扬州大明寺 [J]. 江苏地方志，2004（3）：57.

[53]　程宇静 . 扬州平山堂历史兴废考述 [J]. 扬州大学学报（人文社会科学版），2014（3）：111-116.

[54]　（清）翟灏，翟瀚 . 湖山便览 [M]. 上海：上海古籍出版社，1998.

[55]　傅崇兰，白晨曦，曹文明，等 . 中国城市发展史 [M]. 北京：社会科学文献出版社，2009.

[56]　杨宽 . 中国古代都城制度史 [M]. 上海：上海人民出版社，2006.

[57]　南京市地方志编纂委员会 . 南京水利志 [M]. 深圳：海天出版社，1994.

[58]　葛寅亮 . 金陵梵刹志 [M]. 南京：南京出版社，2011.

[59]　李理，杨洋 . 写照盛世 描绘风情：《康熙南巡图》及沈阳故宫珍藏的第十一卷稿本 [J]. 中国书画，2011（6）：4-8.

[60]　陈毅 . 摄山志 [M]. 北京：中国文史出版社，2010.

[61]　王立 . 中国文学中的主题与母题 [J]. 浙江学刊，2000（4）：87-91.

[62]　孙大章 . 中国古代建筑史·第五卷：清代建筑 [M].2 版 . 北京：中国建筑工业出版社，2009.

[63]　李铸晋 . 中国画家与赞助人 [M]. 天津：天津人民美术出版社，2013.